爸爸妈妈不容易

编著　刘长江

黑龙江美术出版社

图书在版编目(CIP)数据

爸爸妈妈不容易 / 刘长江编著. — 哈尔滨：黑龙
江美术出版社，2016.3
（影响孩子一生的心灵鸡汤）
ISBN 978 - 7 - 5318 - 7750 - 9

Ⅰ. ①爸… Ⅱ. ①刘… Ⅲ. ①品德教育 – 青少年读物
Ⅳ. ①D432.62

中国版本图书馆 CIP 数据核字（2016）第 048697 号

书　　名/ 爸爸妈妈不容易
　　　　　baba mama bu rongyi
编　　著/ 刘长江
责任编辑/ 吕希萌
出版发行/ 黑龙江美术出版社
地　　址/ 哈尔滨市道里区安定街 225 号
邮政编码/ 150016
发行电话/ (0451)84270524
网　　址/ www.hljmscbs.com
经　　销/ 全国新华书店
印　　刷/ 北京龙跃印务有限公司
开　　本/ 880mm×1168mm　　1/32
印　　张/ 5
版　　次/ 2016 年 3 月第 1 版
印　　次/ 2017 年 4 月第 2 次印刷
书　　号/ ISBN 978 - 7 - 5318 - 7750 - 9
定　　价/ 19.80 元

前　言

　　心灵就像是一间房屋，只有勤于打扫，才能拂去笼罩其中的灰尘，才能清理干净其中的杂物。生命需要鼓舞与希望，心灵需要温暖与滋养。点亮温暖的心灯，打开紧闭的心灵，让光明充满你的整个心房，让幸福从此与你相伴。"影响孩子一生的心灵鸡汤书系"与你共同欣赏温暖千万心灵的情感美文，品尝改变千万人生的心灵鸡汤。

　　"影响孩子一生的心灵鸡汤书系"全套共分8册，让你尽情品尝不同的美味。

　　《做最好的自己》教你如何成就卓越人生，做最好的自己，成为所有人眼中最优秀的人。

　　《尊重是彩虹顶端的光芒》教你如何尊重别人，从而赢得别人的尊重。

　　《友谊中的满满幸福》教你如何获得真挚的友情，让孩子们在阅读的同时领会到正确的交友方法，并使孩子们懂得珍惜来之不易的纯洁友谊。

　　《善良的种子会开花》教你如何做一个善良的人，让世界多一些温馨。善良是生命之源，唯有善用优良品质的人，才能通达理想之门。

　　《感恩：让温情常驻》教你如何感恩身边的一切。通过一则则感恩故事，让孩子更好地理解感恩，更好地感恩父

母，感恩老师，感恩身边的人。

《生活是为了笑起来》教你如何快乐地生活，乐观地面对一切。快乐其实很简单，只需我们时刻保持一个积极乐观的心态，那么快乐就在我们身边。

《爸爸妈妈不容易》教你如何感恩父母。我们要体谅爸爸妈妈为我们付出的辛苦，从心里学会对爸爸妈妈感恩，用孝顺的行为回报爸爸妈妈曾经对我们的付出。

《迎难而上：做了不起的自己》教你如何面对生活中的挫折。在困难面前，我们不应该退缩，而应该迎难而上。只有迎难而上，才能看到光明的未来。

"影响孩子一生的心灵鸡汤书系"是一套适合少年儿童阅读的经典故事丛书。每一个故事都是经典，每一本书都值得珍藏。故事中所体现的优秀和高贵的品质能够浸润到孩子们的精神里，一直伴随他们成长，影响他们的一生，让他们的人格变得健全，内心变得坚强，心性变得随和；让他们懂得爱与尊重，在将来面对人生的各种境遇时，都能勇敢面对。

这里有体会幸福的生活感悟，有涤荡心灵的历练，有战胜挫折的勇气，有闪烁光辉的美德，有发人深思的人生智慧，有温馨感人的爱情，有荡气回肠的亲情……每篇故事都在向人们讲述一份美好的情感、一种人生的意义，使你获得心灵的洗礼。这些温情的故事，一定能感动你我纯净的心灵！因为这里，是一个纯真的世界；因为这里，是梦想起飞的地方。

本丛书语言优美，故事精彩，知识广博，也有利于提高孩子的阅读和写作水平。

目录

第一辑　父母爱我们

1

3

父母爱我们

第一辑

　　父母对子女的爱不管发生什么事都不会改变。父母与孩子懂得相互宽容与理解；作为至亲，一方有难八方支援……这些都能珍惜和保持亲情!亲情有时候很无奈，不能选择你的父亲或是母亲，但父母永远是最爱自己的儿女的。

18颗樱桃

一个犹太人与儿子结伴远行。

在路上，犹太人看到一块铁，让儿子捡。

儿子懒得弯腰，装作没听见。

犹太人自己把铁块捡了起来，路过城镇时用铁块换了3文钱，又用这钱买了18颗樱桃。

两人穿越荒野，儿子又渴又饿。

犹太人故意丢下一颗樱桃，儿子慌忙捡起来吃。

犹太人边走边丢，儿子弯了18次腰，吃完了18颗樱桃。

 情感物语

虽然看起来父亲是在惩罚儿子懒惰，其实这正是父亲对儿子的爱。

扶着椅子溜冰

一个女孩开始学习溜冰，可是她一点技巧都没有，甚至不敢站起来。

于是，她的母亲就找来一把椅子给她，让她扶着椅子在冰面上滑。果然，扶着椅子后，她便可以慢慢地在冰面上滑行，很少跌倒。她每天都扶着椅子溜啊溜，一个星期后，母亲让她不用椅子试试，可是她还是站都站不起来。

她吵着要椅子，但是母亲却把椅子丢的很远。

最后，她在无数次的跌倒后，终于能够自如地在冰面上滑行了。

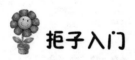

情感物语

如果你不能摆脱对他人或他物的依赖，将永远站不起来。生命的历程需要用自己的双脚走下去，这样，才活得有意义。

3

拒子入门

子发是战国时期楚国的一位大将军。一次，他带兵与秦国作战，前线断了粮草，派人向楚王告急。使者顺便去看望子发的老母。老人问使者："兵士都好吗？"

使者回答："还有点豆子，只能一粒一粒分着吃。"

"你们将军呢？"使者回答道："将军每餐都能吃到肉和米饭，身体很好。"

子发得胜归来，母亲紧闭大门不让他进家门，并派人去告诉子发："你让士兵饿着肚子打仗，自己却有吃有喝，这样做将军，打了胜仗也不是你的功劳。"母亲又说："越王

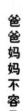

爸爸妈妈不容易

勾践伐吴的时候，有人献给他一罐酒，越王让人把酒倒在江的上游，叫士兵们一起饮下游的水。虽然大家没尝到酒味，却鼓舞了全军的士气，提高了战斗力。现在你却只顾自己不顾士兵，你不是我的儿子，你不要进我的门。"

子发听了母亲的批评，向母亲认了错，决心改正，才得进家门。

"子不教，父之过"，子女成长的好坏，长辈负有极大的责任。若要孩子成为大器之才，必须在孩子心中植下博爱之心。

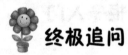

有了博爱之心，才有施爱于他人的可能。

终极追问

那一天，妻子过生日，向来不会做饭的丈夫决定给妻子炒一个菜。菜炒到一半的时候，三岁的儿子跑过来捣乱，妻子赶紧追上去抱孩子，孩子拼命挣扎，大家都手忙脚乱，结果把锅从煤油炉上碰下来，孩子的下巴上溅了一些滚烫的油，落下一个触目惊心的伤疤。

若干年后，孩子上了小学和中学，在学校里常常受到其他同伴的嘲笑;再后来，孩子上了大学，追了很多女朋友，人家都嫌他脸上有一个伤疤。这让他心里很不是滋味。接着，孩子大学毕业了，但一直没有找到工作。他的专业是英语，可是与外国人打交道，形象很重要，他无法埋怨接收单位，于是把责任追到父母身上。如果父母当年精心一些，哪里有自己后来遭遇的这一连串不公平待遇。他越想越生气，甚至不愿意再见到自己的父母。大学毕业后的两年时间里，他都不回家，连电话也不肯打，就那么一个人在外面孤独地漂着。

其实，父亲比他更难过。几次与儿子联系也没有结果，只好去求助一位心理医生。

心理医生听父亲介绍了情况后，决定帮这位父亲一个忙。他费了很大的劲，才找到那个小伙子。医生说，这个世界上，没有一个父母会有意去伤害自己的孩子，事出偶然，儿子应该理解他们……但是，一个下午的时间，小伙子始终听不进医生的话。两个人边走边聊，来到郊外一个墓地。

抬头望去，满眼都是郁郁葱葱的松柏，一阵风吹过，刷刷地，让人感到浑身从外往里发冷。一个又一个坟茔，呆呆地站立着，更增添了一丝肃穆和悲凉，静得可怕。医生忽然想到了什么，他问小伙子："你真的不能原谅你的父母吗？"小伙子点点头。医生说："如果有一天，你的父母离开了你，也来到这里，你是否愿意他们带着愧疚和遗憾来到这里？"小伙子愣了一下。医生接着说："即使那时你原谅了父母，那么，那时的原谅还有什么意义呢？"

当面临终极追问的时候，所有恩恩怨怨都豁然而解了。泪水盈满了小伙子的双眼。他疯狂地跑回宿舍，拨通了家里的电话号码……我的同龄上司，今天给我讲起他自己的这件

故事，依然是情绪难平，"我庆幸，在我的亲人还健在的时候，自己学会了珍惜。"

 情感物语

　　对于父母的无心伤害，我们不能耿耿于怀。父母是爱我们的，在他们健在的时候，我们应该珍惜这份感情。

骆驼妈妈

　　有一个美国旅行者在非洲撒哈拉沙漠看到这样的一幕：

　　无人区里有一只母骆驼带着几只小骆驼一路低着头，不时地停下来闻着干燥的沙子。按照常识，美国人知道这是骆驼在找水喝。

　　它们显然渴坏了，几只小骆驼无精打采地走着。在太阳的炙烤下，它们的眼睛血红血红的，看起来它们有些支撑不住了。

　　旅行者还发现，小骆驼们紧紧地挨着骆驼妈妈，而母骆驼总是根据不同的方向驱赶孩子们走在她的阴影里。

　　终于，它们来到一个半月形的泉边停住了。几只小骆驼兴奋异常，打着响鼻。

　　可是，泉水离地面太远了，站在高处的几只小骆驼不论怎么努力也无法把嘴凑到泉水边上去。

　　惊人的一幕发生了。那只骆驼妈妈围着她的孩子们转了几圈，突然纵身跃入深潭……水终于涨高了，刚好能让小骆驼们喝着。

最好的扶是不扶

小马驹刚生下来时，使劲地支撑前肢，试图站起来，但很快就倒下了。起来，倒下，又起来……一次又一次。这时，母马走上前去，用鼻子对着湿漉漉的马驹喷出气来。小马驹嗅到母亲的气味，更加用力了，两条后腿也支起来。四条腿弯弯地叉开着，然后重重地摔倒。

这样反复了几次，小马驹终于站住了，并向妈妈那里走出几步，接着又是摔倒。而那母马看到小马驹向它走去时，不是迎接，却是向后退，小马驹贴近一步，它就后退一步；小马驹倒下了，它又前进一步。有人见母马故意折腾小马驹，让这么小的生命遭罪，就想过去搀扶一把。养马人却拦住了他，并说，"一扶就坏了。一扶，这马就成不了好马，一辈子都是没有用的马！"

在蛾子的世界里，有一种蛾子名叫"帝王蛾"。帝王蛾的幼虫时期是在一个洞口极其狭小的茧中度过的。当它的生

命要发生质的飞跃时，这狭小的通道对它来讲无疑成了鬼门关，那娇嫩的身躯必须拼尽全力才可以破茧而出，不少幼虫常常就在往外冲杀时不幸身亡。

有人出于好心，拿来剪刀把茧子的洞口剪大。这样茧中的幼虫不必费多大的力气，轻易就钻了出来。但是，所有靠救助而见到天日的蛾子都不是真正的"帝王蛾"，因为它们飞不起来。原来，那狭小茧洞正是帮助帝王蛾幼虫两翼成长的关键所在。穿越的时候，通过用力挤压，血液才能顺利送到蛾翼的组织中去;只有两翼充血，帝王蛾才能振翅飞翔。

情感物语

　　摔打、磨难常常是生命中必须独自体验和经历的过程。逃避这个过程，你就永远也成不了千里马、帝王蛾。生活中，小孩跌倒时，我们总习惯于搀扶。其实，不扶，让他自己站起来，往往是最好的扶。

那个人总让你赢

在西双版纳的候机厅里，一位中年妇女和白发苍苍的母亲发生争执。

女儿抱着怀里的孩子，将脸转向一边，身旁是偌大的行李箱和一些滇南纪念品。母亲继续对着她冷漠的后背唠叨。机场太吵，加上她们所说的像是闽南话，我实在听不懂。

忽然，女儿侧过脸去，朝母亲大吼几句。原本在女儿怀里熟睡的孩子，被突如其来的咆哮惊醒，哇哇大哭。母亲沉默一会儿，又开始了若有似无的唠叨。母亲眼神闪烁，声音低轻，似乎怕被人听到。女儿则不一样，血气旺盛，势要分出高下。旁边看报纸的不看报纸了，聊天的也不聊天了，所有人的目光，都投向了这对母女。

孩子哭得更厉害，眼泪哗哗地往外涌。母亲伸手，想接过女儿手中的孩子，被女儿狠狠地拒绝了。女儿用坚实的肘子将母亲伸来的双手拐到一旁。女儿将孩子捧到手中，来回晃动，嘴里哼着曲调。孩子哭声小了一些，可仍旧歇不下来。女儿异常烦躁，冲着孩子大吼几句，于是孩子哭得更凶了。

母亲在一旁有些焦急，红着脸，说了女儿几句。女儿转过脸去，对着母亲又是一顿咆哮。母亲的忍耐显然到了极点。于是，干脆扯开嗓门，与之针锋相对。女儿的声音越来越含糊，最后也哭起来，抱着孩子，眼泪止不住地往下掉。母亲的声音忽然变得微弱，最后，母亲不说话，侧过身去，静静地听着女儿哭诉。

候机厅里有人开始埋怨她们太吵，有人跑去工作室向保安反映，请求调解。当保安朝她俩疾步走来的时候，争执终于进入高潮。女儿抬起右手，抹了一把眼泪，拉着行李箱就往外冲。原本安静的母亲着急了，她一个箭步冲出去，想要拉住女儿。可惜，女儿走势太快，机场的地板又滑，结果，母亲虽然拉住女儿的裤腿，自己却重重摔了一跤。脱落的假牙像调皮的玩具车，顺着光滑的地板，一下飞出好远。

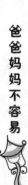

女儿赶紧把母亲扶起来，回到座位。工作人员把假牙清洗干净，还给母亲。工作人员询问片刻之后，确定母亲没事，便走开了。女儿坐在母亲身边，一言不发。

女儿独自默默地流泪。母亲掏出纸巾递给她，她不接。这时，母亲怀里的闹钟响了。母亲像得到什么指令，开始翻寻身旁的旅行箱。母亲掏出几瓶药，配好之后，小心地递给女儿。看她的样子，似乎是在提醒女儿按时吃药。

女儿仍旧不接。这次，母亲的手没有缩回，一直停在半空中，时不时地，轻碰女儿两下。母亲低着头，手捧着药，语气温和地说着什么，像是安慰，又像是道歉。许久之后，女儿极不情愿地接过母亲手中的药丸。母亲笑着接过女儿怀里的孩子，顺道把水杯递给女儿。

女儿赢了。我想，她一直都是赢的那个人。只是，女儿从来不会想，谁才是那个常常让她赢的人。

 情感物语

母亲对孩子的爱是无条件的，在这个前提下，母亲与孩子发生了争执，输的人永远都是母亲。让我们尊敬父母吧。

装作大男人

大概因为房子老了，外墙有裂缝，台风天不断往里渗水，只好找补漏专家。

四十出头的汉子，精瘦黝黑，也幸亏瘦，才能做这种工作。只见他由楼顶拴根绳子在腰上，就溜到十几层楼房的外墙上，不知往墙上刷什么东西。因为绳子是固定的，无法延长，刷到下面，不得不倒挂着才够得着，令人心惊。

"为什么不请助手？帮你在上面看着或者放绳子。"

"原来有助手啊，去年死了，摔死了！"他耸耸肩，"从此，我决定一个人干，我两个孩子念私立学校，要钱不要命，何必让别人赔下去？"又耸耸肩："一家人都不知道我在干什么，只以为我在搞装修。有一天，我正挂在楼上，听见熟悉的笑声，原来是我念高中的儿子，搂着女朋友从下面走过。我火极了，想骂，又憋住了，我不要给他丢人，让他女朋友知道有这么个见不得人的老爸……"

情感物语

父亲在言语中充满了无奈，他冒着生命危险用劳动换来了儿子的潇洒。

好儿子

晚饭后，几个被判重刑的服刑人员在狱室内聊天。大伙一边翻着一本彩色的杂志一边议论纷纷。

甲犯人指着杂志中的房屋图片感叹地说："我母亲如果住在这样一间漂亮的房子里，一定会很高兴。"

乙犯人则指着上面的珠宝图片说道："我母亲如果戴上这些首饰，一定会很漂亮。"

丙犯人则说："要是我的母亲有这么一辆车子，她就可以常来看我了。"

丙犯人说完将杂志递到丁犯人的手中，他拿着杂志默默无语，过了好一会儿流着眼泪说："我母亲要是有个好儿子就好了。"

房间里一片静默。

 情感物语

好儿子是孝顺父母，听话的儿子。这些犯人都不是好儿子。为了父母，一定要做好人。

一瓶酱油

在中国香港的海关发生过这样一个感人的故事：

那是在1993年，还有一个月就要过春节了，所以从中国香港海关回中国内地的人特别多。在人群中有一位老人吸引了人们的眼光——他拎着一瓶酱油。"带一瓶酱油去中国内地，难道中国内地穷的连酱油都没有啊？"人们议论纷纷。

有位工作人员不解地问道："这位先生，您大老远带瓶酱油干嘛呀？"

老人脸上浮出了凄楚的神色，缓缓地说："这是我母亲要我买的。四十四年前的一个中午，母亲正在做饭。正准备炒菜时，却发现家中没有了酱油，母亲让我到不远处的一家卖油铺去打一瓶酱油。临走时，她还说："快去快回，娘马上就把饭做好了，别耽误吃饭。"

说到这儿，泪从他的眼角流出来。

顿了一顿，老人接着说："没想到我刚走出家门，就碰到一群'穿军装的人'，他们用枪逼着我，让我帮他们抬伤员;后来，我就跟随他们一起打仗;再后来，我随军队到了中国台湾……一晃几十年我得不到一点儿家中的消息。直到两个月前，我才和家乡的亲人联系上，他们说，我母亲在我走了之后不久就疯了，见人就说等着我打酱油回家……"

老人的故事说完时已是满脸泪水，在场的人都静静地听

爸爸妈妈不容易

着，眼中泛起阵阵泪花。

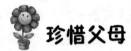

情感物语

　　"慈母手中线，游子身上衣。"世间最伟大的莫过于母爱，失去孩子的痛苦只有母亲体会最深。

珍惜父母

　　上午有个姑娘来交水费，我说过去都是一位老妈妈来交呢。她说那是我妈妈，前不久去世了。我头懵地一下，眼圈立刻红了，怎么会呢？看她身体一直挺好的啊！她哽咽着说是突然得了个不好的病。送她走后我依旧难过的不行，忍不住眼泪就下来了。那位老妈妈可好了，慈眉善目的，每次来都笑眯眯的跟我聊一会儿天，好好的一个人怎么说没就没了呢，真让人无法接受。

　　想起自己的爸爸妈妈，虽已年近七十，身体都还不错，平时我们没时间回家，周末回去的时候，爸妈总是做一桌子的好菜给我们吃，午休时冷的时候给我们加被子，热的时候开风扇，把我们当小孩子一样无微不至地照顾着，我们也理所当然地享受着这份疼爱。现在想想真是不懂事，难得回去应该帮爸妈做些什么的，收拾收拾卫生洗洗衣服多跟他们聊聊天，不能觉得给他们买上一堆好吃的回去看他们了就是对他们关心了尽孝了，这实在是不够。父母对孩子的爱从来都是不求回报无怨无悔的，我在享受着爸妈无私疼爱的同时，也在无私的爱着我的孩子。对我的孩子我可以倾尽全力让她幸福，对孩子，我无所求，我只要她快乐，只要她一切都好。这是一颗最真实的母亲的心。

写到这里不禁觉得惭愧，我不仅仅是一位母亲啊，我还是妈妈的孩子，做了妈妈才更得应该体会妈妈的辛苦与不易，疼孩子爱孩子天经地义，可更应该孝顺辛辛苦苦养育自己的父母！他们年龄越来越大，身体也会渐渐不比从前，没事必须得常回去看看，不能让他们眼巴巴地等着，盼着，去看父母不要等吃等穿，多帮爸妈干点活，没空回去也记得给他们打个电话，叫他们放心。

情感物语

父母对我们没什么要求，有时候只一个电话就能让他们温暖好久，回味好久。作为儿女的我们，要尽最大的力量让父母享受到来自自己孩子的幸福。

母亲的心

一个青年死心塌地地爱上了一个美丽的女子，但是他并不知道那个迷人的女子是一个魔鬼的化身。青年被女魔完全迷惑了，成了女魔的俘虏。

为了满足女魔的要求，青年甚至将他母亲的心挖出来

爸爸妈妈不容易

献给她享用。青年拿着母亲的心，走向森林，不小心摔了一跤，母亲滴血的心一下子被抛出去好远。

那颗心突然对趴在地上的青年说话了："我的儿啊，摔疼了吗？"

情感物语

母亲的心永远是世界上最善良的心，她能够宽容儿子的一切过错。在母亲的心里，儿子胜过世间的任何东西，包括自己的生命。

母亲的一句话

理查·派迪是赛车运动史上赢得奖项最多的选手。他第一次参加赛车就取得了很不错的成绩。他兴高采烈地回家向母亲报喜，冲进家门就喊道："妈！有35辆车参加比赛，我旗开得胜，得了第二！"

他万万没有想到母亲竟冷静地回答："你输了！"

他很不理解地抗议道："妈！难道你不认为我第一次就跑个第二是很好的事吗？要知道很多久经赛场的高手都参加了比赛。"

知子莫如母。母亲深知儿子还有很大的潜力，于是严厉地说："理查！你用不着跑在任何人后面！"

有时需用表扬出动力，有时也需用鞭策出动力。理查很快领悟了母亲的苦心：母亲是让他拿自己的成绩跟前面更高的目标和自己的潜能来比，而不是拿自己的成绩同失败者的成绩来比。

从那以后的20年，母亲的这句话鞭策着理查·派迪称霸赛车界。他的许多项纪录至今还仍然保持着，还没有被后人所打破。每次参赛，他都默念着母亲教诲的那句话——"理查！你用不着跑在任何人后面！"

 情感物语

赢家和输家在进行比较方面的一个重要区别是：赢家拿自己的成绩跟前面的更高目标和自己的潜能来比，输家则拿自己的成绩和落后者的成绩比。

 谆谆教诲

今天周末，儿子回来看望我，我对孩子他妈说："儿子难得回家一次，做几个拿手菜吧！"老婆也是心疼儿子忙活了一上午，做了一个酸菜鱼火锅，正宗无锡糖醋排骨，卤鸭子，一品豆腐，肚尖海参芸豆汤，还有几个凉拌菜整整摆满一桌子。

倒上酒我们爷俩就唠上嗑了，我说："先品尝一下一品豆腐，这可是我们家一道传统名菜！你的儿子可喜欢吃这道菜了，你看如何？"

爸爸妈妈不容易

儿子喝了一口酒，挑了一筷子豆腐放在嘴里说："嗯，味道不错，我以前怎么不记得家里有这么一道菜？"

我说："孩子，你在家里吃的菜品种多了，有些菜又不常做，哪里就能都记住？想学爸爸教你。买来新鲜豆腐捣碎，将精瘦肉切碎，加上生姜末、胡椒粉、精盐、鸡蛋清，在碗底抹上小磨香油，把这些装进碗中上笼屉小火蒸十分钟，旺火蒸十分钟，再用小火蒸五分钟，出锅倒扣在菜盘里，趁热将鸡蛋黄抹在豆腐表面，撒上葱花，周围放四片菠菜叶，中间点放几粒樱桃。"

儿子说："太麻烦了，我宁肯不吃。"

我说："你每次回家，爸妈总是想办法让你吃好，将来你的孩子回家，你拿什么款待你的儿子呢？"

儿子说："爸爸，我又不是厨师，有什么他就吃什么呗！"

我说："照你的意思，你爸爸我就是一个厨师啰？"

儿子显得不好意思地说："爸爸，我不是这个意思。"

我说："以前每逢过春节，那时候物资匮乏巧妇难为无米之炊，你爷爷奶奶总是挖空心思做各种各样的菜肴让全家人吃好，有时候你爷爷实在想不出高招了，还让我查找菜谱，所以参加工作以后我即使走遍天涯海角，心里总有一个家，固然这里面有亲情乡情，但是与你爷爷奶奶带给我们的美味佳肴也是无法截然分开的。"

儿子仍然没有受到感染，他说："就算学习做豆腐也用不着放上菠菜叶樱桃啊，这不是吃多了吗？"

我语重心长地说："你虽然也是大学毕业，但是你的文化素养远远达不到大学毕业生的标准，中国饮食文化讲究色香味形多重标准，特级厨师有时候花半天时间就为雕刻一条龙一只凤或者一朵花，不是因为他们吃多了，而是他们把任何一件事都当作艺术品来完成，这是一种严肃的生活态度，同时也表现出他们对生活充满着无限的热爱，当然对于进食者来说，优美高雅的造型能够增进人的食欲，做任何事情都采取无所谓的态度的人永远无法领悟生活的真谛！"

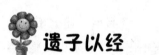

情感物语

　　生活需要认真的态度，父母用行动在时时刻刻地教育我们，影响我们。

遗子以经

　　汉宣帝时，有疏氏叔侄两人，广为受之叔，广官居太子少傅师位，受官居太子太傅师位。告老还乡时，汉宣帝为感谢他们恪尽职守赐以巨金，送归祖籍。

　　以常规，该置办财富，增添固业，颐养晚年，造福儿孙。而广、受二人出乎世俗，却经常在村里举办宴席，宴请三老四少，关心孤寡贫急。日集以月，月集以年，皇赐巨金，消似流水。儿子们看啦难免心焦，托乡老招呼："如此花销，将来给孩子们能留下什么呢！"广、受二人讲："为父岂不惜子，但疏家已经少有薄田，孩子们勤劳一点，刻苦

爸爸妈妈不容易

持家，不会比别人过的差的。再则，那么多金钱留给他们，只能使他们越来越懒，锦衣玉食消磨斗志，恐怕没有什么好处，遗之千金，不如遗子一经，从长计议为好！"

儿子们得以此话，深深理解长辈的良苦用心。

情感物语

父母培养孩子们对学习的渴望追求，对精神修养的重视，以求流芳百世。

自己选择，才会长大

儿子读小学二年级那年，迷上了电脑游戏，每天丢下书包就钻进电脑房不出来，周末也是整天坐在电脑前。可想而知，他的学习成绩会是怎样一塌糊涂。老师给我打电话，说他上课老走神，被提问时，一问三不知。我口头上表态"好，好，一定好好教育"，心里却一筹莫展。成绩下降、老师批评也极大地挫伤了儿子的自尊心。每天早上，他总是以"头痛、肚子痛"为借口赖床。我一边是恨铁不成钢的愤怒，一边还得好言相劝，真是焦头烂额。

一个星期一的早上，闹钟响了几遍，周末疯玩两天的儿子窝在被子里哀叫："哇，头痛，真是痛！"睡意惺忪的我突然倦怠至极，干脆心一横，说："那就不上学了！"我给他的班主任打电话请病假。儿子勾着我的脖子，大呼万岁！

一整天，他玩电脑、看电视、溜冰、遛狗，玩得不亦乐乎。看他这么尽兴，我突然有了主意。

晚上，我主动提出："在家这么好，明天继续请假吧！"儿子乐坏了，一连疯玩3天。不上课，不写作业，老师不批评，电脑想玩多久就多久，老妈还不唠叨，他直喊过瘾。

第三天晚上，我问他："不上学比上学好吧？""那肯定！"儿子回答得干脆利落。"那要不，咱就不上学了，每天就在家玩，想玩什么就玩什么，还不用考试，也没人管，多自在！"儿子将信将疑："真的可以这样吗？你没骗我吧？""那当然！"

"这……"天下突然掉馅饼，儿子好像一时还接受不了。"没事，你完全可以自己做主，上学还是不上学，你说了算，妈妈都支持你！""嗯，我得好好想想。"儿子开始认真了。

21

第四天，儿子继续他的玩乐生活，却显得有些心不在焉。打开电脑，这个游戏点一点，那个游戏看一看，自言自语："没意思！"然后又上QQ，叹道："怎么一个人也没有？"关了电脑看电视，又不断换频道，显得心事重重。他时不时地冒出几个问题："妈，你说不上学，以后还能找工作挣钱吗？"我说："能！不过，那就需要更勤劳、更辛苦一些！而且，有知识的人肯定比没知识的人更好找工作。""妈，你说我不上学了，同学们还和我玩吗？"我说："那说不准，如果他们谈论的事你都不知道，他们也许就会觉得你太OUT了。"

到了星期五晚上，儿子郑重其事地对我说："妈，我想好了，还是去上学吧。""为什么呢？"我暗喜，不过尽量

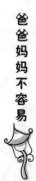

表现得很淡定。"不上学,我就会失去很多朋友,老是一个人在家也没意思;不学知识,我以后想做太空旅行、想设计电脑游戏都没办法;还有,学校里还能学到很多有趣的东西。"

"那不是没时间玩电脑了?"我故意问。"做完作业再玩嘛!""可你不喜欢做功课啊!"儿子跟个小大人似的,一脸严肃地说:"不喜欢也得做啊。""你想好了吗?""想好了!"儿子回答得斩钉截铁。

接下来一个星期,儿子果真像变了个人似的,不再装病和我斗智斗勇,也不再因为做作业还是玩电脑和我躲猫猫。老师也觉得惊讶:"病"了一星期,好像开窍了!这生的是什么病啊?

这个令我焦头烂额的问题总算解决了,我长长地舒了一口气。原来,有些事情要经过自己选择,才会明白事理,才会积极参与。自己选择,才会成长。心理学家说:"经过自己的选择,你才算真正活过,否则,你就是替别人在活。"这就不难理解,为什么在起跑线上赢了一大截的孩子,会在大学里自杀;为什么一帆风顺的公务员会突然抑郁。他们的身体虽然已经发育成熟,但心智还留在童年,因为他们没有用自己的脑袋去思考、去选择。他们所经历的生活,纵然光彩夺目,但却不是自己的选择。

情感物语

父母为孩子得健康成长费劲了心思,针对孩子的性格,他们尽可能地用自己的智慧正确的引导孩子。

鱼妈妈的诚言

鱼妈妈带着小鱼们在水里寻找食物，忽然它们的前面出现一个弯弯的红东西，还散发出一阵阵诱人的香味。

"那一定是好吃的。"一条小鱼说着就想抢先一步吃下它。鱼妈妈赶紧拦住了这条淘气的小鱼，"慢着！这不是可口的食物，它是人放下来的钓钩。"鱼妈妈对小鱼说。

小鱼又问妈妈："可是它为什么那么诱人呢？再说我也没看见钩啊！我要怎么样才能吃到这美味的食物呢？"

鱼妈妈说："钓钩就裹在里面，你是看不见的。如果你要去吃它，你就得冒很大的风险。所以最好还是离它远点。"

"可是它就在眼前，轻而易举的就可以吃到了。怎么才能不费劲又能吃到这种美味呢？"小鱼还是不死心。

"我的孩子，"鱼妈妈耐心地说："这是不可能的，保证自己安全的最好办法就是不要去碰它，如果你一定要去品尝这美味，你将会付出生命的代价。所以你们绝对不能去碰它！"

小鱼点点头，"那我们怎么才知道它里面有没有钓钩呢？"小鱼接着问道。

"其实你刚刚都已经说了啊！"鱼妈妈说："一种你不

用付出任何努力，轻而易举的就能吃到的可口美味，里面就很可能有钓钩。"

情 感 物 语

当某些人给予你恩惠的时候，背后往往隐藏着更大的阴谋。只有经得住诱惑，方能全身而退。

我比别人更在乎

15岁那年，他参加了全市组织的乒乓球比赛。不大的体育馆座无虚席。然而，他发挥得并不好。许多很有把握的球，他都没有打好。比赛结束后，观众散去了，其他队员也散去了，只有他坐在长凳上黯然神伤。他开始怀疑，自己是不是本无打球的天分，却错走到了这条路上。

他不知道一个人在体育馆呆坐了多长时间。他觉得有些饿了，开始收拾东西准备回去，就在这时候，他一回头，看到不远的看台上，还有另一个人静静地在那里坐着。他抬头的一刹，正好与她的微笑相对。是母亲。

他扔下所有的东西，疯一样跑上看台，一头扑进母亲的怀里，放声大哭起来。他一边哭，一边大声责问妈妈，为什么近在咫尺而不管他？

妈妈笑了，抚摸着他的头说："儿子啊，人生最难的路需要自己去走，妈妈不能帮你。"

他反问妈妈："那你为什么不和其他观众一起走，还要留在这里？"

妈妈说："孩子，无论你多难，妈妈都会站在你的身后，永远地看着你……"

第二年，还是在这个体育馆，还是一样的比赛，他战胜了对手，也战胜了自己。后来的岁月中，他取得过许多不同级别的乒乓球冠军。

有一个记者采访他，问他取得人生辉煌的原因，他说："我能有现在，是因为这些年来母亲一直站在我的身后，不计成败地关注着我。她的眼神温和，慈祥，充满着鼓励、信任、欣赏以及期待……"

记者不解地问："天底下每一个子女的身后，都有着母亲温暖的关注。有的人甚至远在异域他乡，依旧被母亲牵挂着，可为什么却不能取得像你一样的成功呢？"

他的回答很简单："那是因为我比别人更在乎母亲。"

情感物语

只有懂得珍惜别人给予的爱，在乎别人给予的爱，才会让爱生出不绝的力量，从而引领自己创造出人生一个又一个奇迹。

 选 择

凯莉遭受了病痛、离婚、失业的多重打击，她对父亲抱怨道："我本想坚强地活下去，但是问题一个接着一个，让我毫无招架之力。现在，我已经厌烦了抗拒和挣扎，我没有了人生的方向，只想放弃。"

父亲二话不说，拉起女儿的手走向厨房。他烧了3锅水，当水开了之后，他在第一个锅里放进土豆，第二个锅里放了一颗蛋，第三个锅里则放进了咖啡。

26

凯莉望着父亲，不知所以。父亲只是温柔地握着她的手，示意她不要说话。父女二人静静地看着滚烫的水，以令人炽热的温度烧滚着锅里的土豆、蛋和咖啡。一段时间过后，父亲把锅里的土豆、蛋捞起来各放进碗中，把咖啡过滤倒进杯子，问："孩子，你看到了什么？"

凯莉说："土豆、蛋和咖啡。"

父亲把凯莉拉近，要凯莉摸摸经过沸水烧煮的土豆，土豆已被煮的软烂；他要女儿拿一颗蛋，敲碎薄而坚硬的蛋壳，她细心观察着这颗水煮蛋；然后，他要女儿尝尝咖啡，女儿喝着咖啡，闻到浓浓的香味。她疑惑地问："爸爸．这是什么意思？"

父亲解释："这3样东西面对相同的逆境，也就是滚烫的水，反应却各不相同，原本硬而结实的土豆，在滚水中却变软了；这个蛋里面原本液体似的蛋清蛋黄，经过水煮之后却变硬了；而咖啡却更加特别，它竟然改变了水。"

父亲望着凯莉说："当逆境来到你的面前，你会如何应对呢？你要做那看似坚强的土豆，在痛苦与逆境到来时变得软弱，失去力量吗？或者像蛋壳一样，有着柔顺易变的心？你是否像蛋内的液体，在经历痛苦、分离、困境之后，变得坚硬顽强？或者你就像咖啡，将那带来痛苦的沸水改变了，甚至温度越高，你受的痛苦越大，它就愈加美味？"

"如果你总是对自己说放弃，那没有任何人能挽救你；如果你像咖啡一样，以积极的态度对待自己、对待自己的逆境，就能改变外在的一切。你是要让逆境摧折你，还是你来转变它，让身边的一切人事物感觉更美好、更善良？"

27

父亲的话让凯莉陷入了深思。

很难想象一个内心充满消极声音的人可以干成大事。一个人的成就通常不会超过他的真实期望。如果你期望自己能成就大业，那么，你必须强烈要求自己干一番大事，必须是发自内心地，用积极肯定的声音对自己说："我要成功，我一定会成功！"在逆境中不要总是给自己"敲警钟"，"生活太苦了，没有办法继续了！"其实，在感觉苦的时候，不妨吃一颗糖，然后对着镜子笑一笑，告诉自己生活是甜的，从而不断激发自身能力去克服一切困难。

爸爸妈妈不容易

影响孩子一生的心灵鸡汤

 情感物语

　　总之，不管我们的人生处于怎样的困境，我们绝不能让自己的心失去奋斗的力量。要记住：积极的心态能让你勇敢地面对逆境，使你在逆境的磨砺中变得更加出色；而消极的心理，只能让你自甘沉沦，被生活的挫折击垮。因此，保持你的热情，在逆境中绽放你的微笑。

父母是我们的靠山

父母对子女的爱是最真诚的，是无条件的。他们在孩子成长的过程中奉献了所拥有的全部，是世界上最坚固的靠山。

母爱具有超能量

1999年，土耳其爆发了一场罕见的大地震。地震后，许多房子都倒塌了，各国来的救援人员不断地搜寻着可能的生还者。两天后，人们在缝隙中看到了难以置信的一幕：一位母亲，用手撑地跪趴在地上，她的背上还顶着不知有多重的石块。在看到救援人员时，她哭喊着："快点救我的女儿！我已经撑了两天，快撑不下去了！"这时，人们才知道她身下的空间里还有个7岁的小女孩。

救援人员立刻展开了救援行动，以最快的速度搬移她背上和周围的石块。但是石块太多了，救援人员怎么也无法快速到达她们身边。很多人通过电视和广播知道了这件事，人们都被感动得掉下泪来。为了尽快救出这对母女，更多的人放下了手边的工作，投入到这场救援行动中。

救援行动从白天一直进行到深夜。最终，一名高大的救援人员够着了这位妈妈的小女儿，但不幸的是，女孩已经气绝多时了。那位母亲还在急切地问："我的女儿还活着吗？"这时人们才明白到：让女儿活着，是她能够坚持下来的唯一希望；如果她知道女儿已经死了，必定会失去求生的意志。

为了让这位可敬的母亲坚持下去，救援人员哭着对她说："对，她还活着！我们现在要把她送到医院里，然后也要把你送过去！"

人们看到母亲疲累地笑了。随后，她也被救出来并送到了医院，这时她的双手已经变得僵直无法弯曲了。第二天，在土耳其某报的头条上，刊登着这位母亲用手撑地的照片，标题是："这就是母爱"。

 情感物语

伟大的母爱为孩子支撑着安全的生活空间，她们在支撑的过程中，用的是心和生命。

感恩的心

有一个天生失语的小女孩和妈妈相依为命。妈妈每天早出晚归地挣钱养家，到了傍晚，小女孩就站在家门口，充满期待地等妈妈回家。妈妈回来的时候是她一天中最快乐的时光，因为妈妈每天都会给她带一块年糕回家。在她们贫穷的家里，一块小小的年糕就是无上的美味啊！

有一天，下着很大的雨，妈妈很晚还没有回来。小女孩决定出去找妈妈。她走了很远，突然看见妈妈倒在地上。她使劲摇着妈妈的身体，妈妈还是没有反应。她以为妈妈睡着了，就把妈妈的头放在自己的腿上。但是这时她发现，妈妈的眼睛没有闭上！

小女孩突然明白：妈妈可能死了！她感到恐惧，使劲

爸爸妈妈不容易

地摇晃着妈妈的手，却发现妈妈的手里还攥着一块年糕……她拼命地哭着，也不知哭了多久，她知道妈妈再也不会醒来了。妈妈的眼睛为什么不闭上呢？那是因为不放心自己吗？她突然明白自己该怎么做了。她擦干眼泪，决定用自己的语言来告诉妈妈，自己一定会好好地活着，让妈妈放心地走……

于是小女孩在雨中一遍一遍地用手语"唱"着一首《感恩的心》，泪水从她写满坚强的小脸上滑过。"感恩的心，感谢有你，伴我一生，让我有勇气做我自己……"她就这样在雨中不停歇地"唱"着，直到妈妈的眼睛闭上……

"谁言寸草心，报得三春晖。"是的，父母的恩情深似大海，我们永远也报答不了。

情感物语

我们始终要怀有一颗感恩之心，感谢父母对我们的哺育之恩，时时尽到自己的一份孝心，为让他们过上幸福的生活，做到自己应做的一切。

红石竹花

几个月以来，麦琪一直想着要在母亲节那天送给妈妈一束红色的石竹花，为此，她攒了三个多月的零花钱。

可是，快到母亲节时，红石竹花的价钱一天比一天高，一下子飞涨起来。这样看起来，等到母亲节那天，红石竹花的价钱就会高得吓人。麦琪手里的钱原来可以买好几枝红石竹花的，现在却只能买几枝白石竹花了。

除了颜色不同以外，白石竹花和红石竹花并没有什么不同。只是按照习俗，只有母亲去世了，才会送白石竹花寄托哀思。

麦琪感到非常犹豫，她不知道是不是该送给妈妈白石竹花，不知道妈妈是不是会喜欢，可是她真的很想送妈妈一份礼物。考虑了很久之后，麦琪最后还是决定买那种很便宜的白石竹花。

不过回家以后，麦琪没有急着将花送给妈妈，而是悄悄地把它们插在了红墨水里。她想，或许这样过几天，白石竹花会变成红色呢！

33

没想到"奇迹"真的发生了。几天以后，也就是母亲节那一天，吮吸着红墨水的白石竹花真的变成了生机勃勃的红石竹花。

当麦琪把红艳艳的白石竹花递给母亲的那一刻，母亲的眼里满含着喜悦的热泪，她喃喃地说："孩子，这是妈妈收到的最特别、最富有创意的母亲节礼物。"

小女孩赤诚的孝心得到了回报，她的白石竹花终于被染红了。尽管她买不起贵重的礼物，但是她的孝心却令妈妈无比感动。

情感物语

　　孝敬父母要从一点一滴做起，不一定要做什么惊天动地的事情，只要尽到孝心就可以了。

母爱的种子没有发芽

　　在北京市怀柔区曾进行过一次关于亲子教育的试验。试验是这样进行的：在正式开始之前，主持人让所有的孩子和妈妈都戴上了眼罩。然后，让所有的孩子在黑暗中通过触摸每个妈妈的手来找出自己的妈妈。结果，有五个孩子没有找到自己的妈妈。

　　接着，主持人又让所有的妈妈在黑暗中通过触摸每个孩子的手来找出自己的孩子。结果，所有的妈妈都认出了自己的孩子。大家不禁要问：为什么孩子不能顺利地找到自己的妈妈，而妈妈却都能顺利地找到自己的孩子呢？亲子教育试验的结果公布后，媒体就这个问题展开了讨论。不少人踊跃参加，畅所欲言，各抒己见。

　　一位参与试验的白领母亲承认："尽管母爱是人世间最神圣的感情，是不求索取和报答的爱，但非常遗憾，我们这些人的母爱，就像播种在孩子心田里没有发芽的种子。"

　　一位下了岗的工人母亲悲痛地说："孩子小还情有可

原，要是大了之后还是不懂得爱和尽孝，那就太可怕了。邻居家的一位父亲为了给上大学的孩子交学费，每年都卖血。可孩子却不好好学习，拿父亲卖血的钱去交女朋友、谈恋爱。"

一位教育专家说："谁不会爱，谁就不能理解生活。母亲是孩子未来命运的创造者，要让孩子长大以后爱祖国、爱人民、爱人类，就必须让母爱的种子早日发芽、成长、开花、结果。"

当有些妈妈没有被孩子认出时，可以想象到，她们的心情是多么的悲伤。她们的孩子并不在乎自己的妈妈，他们认识不到妈妈无私的付出，体会不到妈妈的爱，这是多么悲哀的事情！

35

 情感物语

对他人的爱不知感恩，是一种可耻的行为，我们千万不要效仿。

忘带的作业

安娜去学校的时候忘了带作业，于是她给妈妈打电话，让妈妈把作业送到学校。妈妈说："我不能去送，你最好自己回来拿。"

安娜有点恼火，她觉得妈妈一点也不通情达理，居然

在紧急关头让自己走回家拿作业，这样会耽误课程，老师会生气的。但妈妈仍不让步，坚持要安娜自己回家取作业。安娜回到家，赌气不和妈妈说话，最后又要求妈妈开车送她回学校。不料妈妈根本就不理会她的挑衅，只是若无其事地说："宝贝，我忙着呢，你现在先回学校，交上作业。我们以后再讨论这件事情。"

放学后，妈妈知道安娜已经不在气头上了，便耐心地听她诉苦。安娜说她在老师和同学们面前感到很窘迫，因为妈妈不去给她送作业。妈妈对安娜说："我很爱你，宝贝，你知道吗？"安娜承认了这一点，妈妈又说："我这样做是为了你好。孩子，让我们来看一看，你为什么忘了带作业？"安娜回答道："我慌慌张张地赶校车，就忘了。"

妈妈接着说："你忘了带作业，感觉不是太好，对吗？那么你从今天的事情中学到了什么呢？"安娜想了想，回答道："我想，我下次会把作业先放到书包里去。"妈妈接着提示她："还有没有别的办法？"安娜又想了一会儿，说："我可以在闹钟一响时就起床，不至于那么紧张。"

妈妈最后说："你现在再想一想，如果我把作业给你送去，你不是就没有这些感受了吗？"安娜想了想，认真地点了点头。

妈妈之所以狠下心不给安娜送作业，就是为了让安娜明白，自己的事情要自己负责，不要一味地依赖他人，而应多花点心思想想怎么把事情做好。

我们也应从安娜的事情中吸取教训，养成独立自主的好习惯，做好力所能及的一切事情。

唯一没有汽车的人家

第二次世界大战前，我们家是唯一没有汽车的人家。当时我父亲薪水很低，所以我们家很穷，但是我母亲常安慰家里人说："如果一个人有骨气，就等于有了一大笔财富。"

有一天，我的父亲买的彩票居然中了一辆汽车。我看见父亲开着车缓缓驶过来，几次想跳上车去，同父亲一起享受这幸福的时刻，却都被父亲赶开了。我回家后向母亲抱怨，母亲拿给我两张彩票存根，上面的号码是348和349，中奖号码是348。我正疑惑不解时，母亲告诉了我事情的真相。

原来，父亲买彩票前对老板吉米说，自己可以代他买一张，吉米应允了。父亲买了两张彩票，一张是自己的，一张是吉米的，恰恰是吉米的那张中了奖！我这才明白，原来父亲是在进行一场激烈的思想斗争。可是我认为吉米是一个百万富翁，他不会计较这辆汽车的。不过当爸爸回来时，他还是给吉米打了电话。第二天下午，吉米的两个司机来到我们这儿，把别克牌汽车开走了，他们送给父亲一盒雪茄。

直到我成年之后，我才有了一辆汽车。回顾以往的岁月，我才明白"如果一个人有骨气，就等于有了一大笔财富"的含义。父亲打电话的时候，是我们家最富有的时候。

父亲何尝不想得到一辆汽车？但是在他看来，有比汽车更重要的东西，那就是实事求是的做人原则和不取他人之物的骨气。正是有了这些东西，"我"的家看似贫穷，却拥有一笔巨大的财富，这些财富是"我"的一生都取之不尽的。

情 感 物 语

父亲以身作则，为孩子做出了正确的表率，他的行为影响孩子的一生。

 ## 我们心里有眼睛

凯恩斯11岁的时候，举家前往新罕布什尔湖的岛上别墅度假。那里四面湖水环绕，景色非常美，是绝佳的钓鱼圣地。

在那里，只有在鲈鱼节的时候才允许钓鲈鱼。但他和父亲决定提前过过钓鱼瘾。于是，他们扛着钓竿，在鲈鱼节开始前的午夜来到了湖边。他们坐下后，只见明月当空，波光粼粼，一片银色世界。突然间有什么东西沉甸甸地拽着渔竿的那头。父亲吩咐他沉住气并赞赏地看着他慢慢地把钓线拉回来，那条用尽了力气的鱼被凯恩斯小心地拖出水面——那是他们见过的最大的一条鲈鱼！

父亲擦着了火柴，他看着表说："10点，再过2小时鲈鱼节才开始。"他看了看鱼，又看看凯恩斯，"放回去，孩子！"

"爸爸……"刚开始凯恩斯不理解，接着大声地哭起来。

"这里还有别的鱼嘛……"

"但是没有它那么大。"他继续哭，和父亲争执起来。

月光晶莹，万籁俱寂，四周再也没有人和船了，似乎还有一丝希望。凯恩斯不哭了，恳求地看着父亲。

凯恩斯怯生生地求父亲："爸爸，这里没有别人，没有人会看到的。"

"可是我们心里有眼睛。"父亲坚定地说。

之后是父亲的沉默，他已经很明白地表示，这个决定是不能改变的。没办法，凯恩斯只好从鲈鱼的嘴上摘下钓钩，慢慢把它放回寂静的湖水里，"嗯"的一声，鱼就消失在水中了。凯恩斯感到很失望，因为他很可能再也无法钓到这么大的一条鲈鱼了。

那是23年前的事了，现在凯恩斯已经成为纽约市一名小有成就的建筑师。的确，这些年来，他再也没有钓到过23年前那么大的鲈鱼。他日后提起那段往事，说："那次父亲让我放走的只不过是一条鱼，但是我从此学会了自律。那晚，在父亲的告诫下，我走上了光明磊落的道路。有了这个开始，在人生的道路上，我处处严于律己。我在建筑设计上从不投机取巧，在同行中颇有口碑；就连亲朋好友把股市内部消息透露给我，胜算有十成的时候，我也会婉言谢绝。诚实

是我生活的信条，也是教育孩子的准则。"

"我们心里有眼睛"，这句智慧的话语一直温暖地留在凯恩斯的心里。

 情感物语

自律是一个人做人的根本，在小事情上能够自律的人才能够成就一番大事业。

生命之旅由自己驾驭

40　　一位优秀的母亲，曾给她的孩子写了这封直抵心灵的信：

我能给予你生命，但不能替你生活。

我能教你许多东西，但不能强迫你学习。

我能指导你如何做人，但不能为你所有的行为负责。

我能告诉你怎样分辨是非，但不能替你做出选择。

我能为你奉献浓浓的爱心，但不能强迫你照单全收。

我能教你与亲友有福同享、有难同当，但不能强迫你这样做。

我能教你如何尊重他人，但不能保证你受人尊重。

我能告诉你真挚的友谊是什么，但不能替你选择朋友。

我能对你进行性教育，但不能保证你保持纯洁。

我能对你谈人生的真谛，但不能替你赢得声誉。

我能提醒你酒精是危险的，但不能代替你对它说
"不"。

我能告诉你毒品的危害，但不能保证你远离它。

我能告诉你必须为人生确定崇高的目标，但不能替你实
现这些目标。

我能教给你做人的优良品质，但不能确保你成为善良
的人。

我能责备你的过失，但不能保证你因此而成为有道德
的人。

我能告诉你如何生活得更有意义，但不能给你永恒的
生命。

我能肯定我将尽自己最大的努力给予你最美好的东西，
但不能给予你前程和事业。

孩子，我能为你做很多，因为我爱你；但是，你要明
白，即使我愿意永远和你在一起，也还是要由你自己做出那
些重要决定。为此，我只求灿烂阳光永远照亮你的人生之
路，使你总能做出正确的决定。

每一位读懂此信的人都会明白这样一个哲理：人生之
路，无论坎坷还是幸福，都只能由自己全程驾驭。

 情 感 物 语

　　别人能够告诉你的很多很多，但是任何一个人都不能
替你做出决定。无论人生之旅平坦或坎坷，幸福的人生秘
诀都只在于自己的把握。

 爸爸妈妈不容易

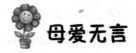

母爱无言

　　母亲，多么伟大的字眼！一个人呱呱坠地刚开始学会的第一个词语："妈妈"。多么熟悉多么亲切的称呼，一个人心里永远感激的是她的母亲。因为母亲用甜美的乳汁养育了她哺育了她。

　　高尔基曾经这样说过："世界上的一切光荣和骄傲，都来自母亲。"

　　母亲是什么？是生命之本，是万物之源，母亲就是创造我们生命给予我们成长的最亲最亲的人。

　　有一天，当我路过草坪，看到一个年轻的母亲牵引着跌跌撞撞学走路的小宝贝时，这样的画面也是如此震撼人的心灵。你的眼前不由浮现母亲教你学走路的身影；眼睛顿时湿润了，心里也有几分莫名其妙的欣喜。假如她现在在你面前，你会深情地呼唤一声："妈妈！"

　　的确，母亲为了我们可以付出一切代价，包括她的生命，但从来无怨言，不计较报酬，你说："这比山还高比海还深的情谊？我怎么能忘怀？"

　　当我背上书包上学时，母亲会在昏暗的灯光下默默地替我准备，有包好的新书、有次日上学的新衣服。第二天早上睁开眼，母亲早已把做好的饭菜端上饭桌，单等着我开饭。回想起往日的点点滴滴，一股股暖流涌上心头。心被母亲的关爱包围着，感到无比幸福快乐！

当我开始参加工作时，母亲的叮咛，母亲的唠叨，都成了我的财富。

当我听到一位八九岁的小男孩用稚嫩的声音吟诵《游子吟》时，我心灵那最深处的感情触动了，"慈母手中线，游子身上衣。临行密密缝，意恐迟迟归。谁言寸草心，报得三春晖。"

是呀，谁言寸草心，报得三春晖？这世界上唯一施恩于我而不求回报的就是母亲！母亲的爱是无私、是真诚的爱。母亲给我们生命，她给予我们太多太多，无穷无尽的爱，而我们呢？

我们唯一能记住的就是母亲那一张慈祥的脸，一双为我们操劳的手，一个生日。

我们唯一能做到的就是为母亲减轻点负担，和母亲聊聊天，说说话，陪陪她。

我们唯一能想到的就是为母亲营造一个安谧的环境，让她快乐安享幸福的晚年！

母爱无言！让我们用心去品味，用心去体会！

母爱广博、无私、温暖、伟大，她是子女成长的摇篮，是孩子避风的港湾。

"谁言寸草心，报得三春晖。"

母爱，就是奉献！

爸爸妈妈不容易

母爱无言！让我们用心去品味，用心去体会！

母爱广博、无私、温暖、伟大，她是子女成长的摇篮，是孩子避风的港湾。

感谢养育之恩

这是一个风和日丽的日子，树林中各种各样的鸟类都从巢中飞了出来，愉快地在空中飞来飞去，它们那美妙的歌声，给寂静的树林带来了勃勃生机。

可是戴胜鸟和它的老伴却飞不出窝巢了，岁月不饶人，它们的身体早已虚弱不堪了，全身的羽毛已经变得干涩枯燥、暗淡无光，像老树上的枯枝般容易折断，双眼还生了翳病看不见了。为了养儿育女，它们的精力已经快要耗尽了。

老戴胜鸟觉得自己的子女都已经长大，能够独立生活了，自己的职责已经尽到，可以无怨无悔地离开这个世界了。因此，夫妻俩商量，决定不再离开自己的家，安心地待在窝里，静静地等待那迟早总会降临的时刻。

但老戴胜鸟想错了，它们辛辛苦苦养育的那些孩子们是绝不会扔下它们不管的。这一天早晨，它们的大儿子就带着一些好吃的东西，专程来看望它们。小戴胜鸟发现年迈的双亲身体不好，立即飞去把这个消息告诉了它的兄弟姐妹们。

戴胜鸟的儿女们很快都到齐了，它们聚集在双亲的旧巢前，有一只鸟说：

"我们的生命是父母亲最伟大的馈赠，它们用爱的乳汁哺育了我们。现在它们老了，病了，眼睛也看不见，已经没有能力养活自己了。我们一定要帮它们治病，细心看护好它们，这是我们做子女的神圣义务！"

这些话刚说完，年轻的戴胜鸟们立刻行动起来。有的飞去筑起温暖的新居，有的振翅飞去捕捉昆虫，有的飞到树林里去找治病的药。

新房子很快就落成了，孩子们小心翼翼地帮着父母搬了进去。为了让父母感到温暖，它们像孵蛋的母鸡用自己的体温去保护没有出壳的雏鸡一般，用自己的翅膀盖住老鸟。它们还细心地喂给父母泉水喝，并用自己的尖嘴帮忙梳理老戴胜鸟蓬乱的绒毛和容易折断的翎毛。

飞往森林的孩子们终于回来了，它们找到了能治失明的草药。大家高兴极了，它们把有特效的草叶啄成草汁给老戴胜鸟擦用。尽管药力很慢，需要耐心等待，它们却一刻也不让父母亲单独留在家里，总是轮流守候在父母身边。

快乐的一天终于到来了，戴胜鸟和它的老伴睁开眼睛，向四周张望，它们认出了自己孩子的模样。孩子们都高兴极了，并准备了丰盛的食物，好好地庆祝了一番。

知恩的子女们就这样用自己纯真的爱，治好了父母的病，帮助它们恢复了视觉和精力，以报答养育之恩。

爸爸妈妈不容易

　　我们一天天在成长，可我们的父母却在一天天苍老，拿什么报答他们的养育之恩？我们的爸爸妈妈不需要太多的钱财，他们的要求特别简单，有可能是一个温暖的电话，还可能是一晚上体贴的谈话……总之，感激父母的养育之恩是父母最大的安慰与补品。

 情感物语

　　父爱母爱广博、无私、温暖、伟大，她是子女成长的摇篮，是孩子避风的港湾。

伟大的母爱

母爱深明大义、柔中有刚。当你啼哭于襁褓时，母爱是温馨的怀抱，当你牙牙学语时，母爱是耐心的教导；当你熬夜备考时，母爱是暖暖的热茶；当你远行时，母爱是声声的呜咽；当你取得成绩时，母爱是激动的泪花。母爱是人世间最伟大的爱。人也不同于动物，具有丰富的情感，使得母爱具有了深刻的涵义。享受到母爱的人才是世界上最幸福的人。

母爱影响孩子的命运

　　维克多·雨果（1802年—1885年），19世纪前期积极浪漫主义文学运动的领袖，法国文学史上卓越的资产阶级民主作家。贯穿他一生活动和创作的主导思想是人道主义、反对暴力、以爱制"恶"。他的创作期长达60年以上，作品包括26卷诗歌、20卷小说、12卷剧本、21卷哲理论著，合计79卷之多，给法国文学和人类文化宝库增添了一份十分辉煌的文化遗产。其代表作是：《巴黎圣母院》《悲惨世界》等长篇小说。

　　雨果从小就非常喜爱写作。母亲对他的这一爱好非常支持。在母亲的鼓励下，小雨果的写作从小就显露出锋芒。

　　有一年，著名的美文研究院组织征诗大赛。小雨果和母亲既盼望又激动，正当他全力为参赛创作新诗的时候，他的母亲突然病倒了，而且几天都处于昏迷状态。小雨果着急得干什么都没有心思，于是，只好把一首从前写的、自认为不是写得最好的《凡尔登贞女》送去参赛。在小雨果焦急的等待中，几天后，母亲从昏迷中醒来，一看见小雨果，就立即询问他参加征诗大赛的情况，小雨果吞吞吐吐告诉了她实情。在病榻前，母亲用无力的手拉住儿子的手，轻声地说："维克多，你不该在难处面前退却。记住，永远不该。我要你得到那'金百合花'特别奖，你要把你创作中最好的诗送去。"母亲说话的声音很小，但小雨果听得出来，那话语中却饱含着她的深切期望。但雨果还是感到有些为难，低着头，担心地对母亲说："但是，恐怕来不及了，明天就到期了。"没想到母亲的眼睛里散发着光彩，她的声音大了起来："不，好孩子，来得及。今晚就写，明天一早就念给妈妈听，妈妈的病很快就会好起来。妈妈最不喜欢碰到难事就畏缩的人。"小雨果抬头看着母亲，她的眼睛里满是鼓励和信任，还有期待。他不再犹豫，坐在病重的母亲身旁，在母亲压抑着的咳嗽声中不停地写着、改着。一夜之间写了120行诗。

在母子共同的期待中，半个月后，这120行诗使雨果得到了"金百合花"特别奖。《凡尔登贞女》也同时被评为"金鸡冠花"奖。儿子的成绩是母亲最好的补药。雨果母亲的病，果真很快就好了。小雨果感到满足极了。

获"双奖"的事情很快就成为过去，但是母亲"要得到那'金百合花'特别奖"的坚定话语，却一直在雨果脑海中萦绕，一直激励他更加勤奋地投入文学创作。1820年2月，美文研究院又组织征诗大赛，雨果的《摩西在尼罗河上》又被评为"金鸡冠花"奖。按照美文研究院的规则：凡一人连得三次诗奖的，都有资格被聘为院士。这样，雨果这个年仅18岁的小伙子竟成了研究院的院士。当雨果兴奋地回家把这一消息告诉母亲时，母亲紧紧抱着儿子，噙着眼泪半天说不出话。1821年，当法国文学艺术联合会成立时，雨果和当时法兰西研究院的许多老院士一起，被邀为该会会员。这对他来说，无疑也是一件值得自豪的事情，而更感到自豪的是他

爸爸妈妈不容易

亲爱的妈妈。从此，这位刚刚20岁的年轻人，就像一颗耀眼的新星，引起了法国文坛的瞩目。母亲的心血和期望换来了丰硕的成果，后来，雨果相继创作了《悲惨世界》和《巴黎圣母院》这两部世界名著，成为法国最伟大的作家之一。

 情感物语

母亲是孩子在成长过程中，接触最多、最为熟知、最离不开的人，母亲的教育可以影响孩子的一生，甚至可以改变其一生的命运。母亲的殷殷期盼是一种巨大的亲情力量，推动孩子在追求成功的道路上奋勇向前，创造辉煌。

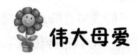

伟大母爱

2008年8月30日，攀枝花突然发生6.1级地震。

一、母子三人被埋废墟

"我老婆和两个娃娃都压在房子下头了！"8月31日凌晨2时许，西昌市消防中队40多名队员刚刚赶到会理县黎溪镇新桥村，就遇到一中年男子求救。该男子称地震发生时，自己妻子和15岁的儿子、9岁的女儿正在吃饭，结果不幸被垮塌的房子掩埋。由于该男子是在外打工刚回来，并不清楚自己一家三口所处的具体位置，因此救援队员只得凭"吃饭"这一线索，将厨房、堂屋两地作为突击搜救点，实施救援。

由于该男子一家居住的是土坯房，垮塌后已变成一堆红土，根本分不出原有结构，因此厨房、堂屋的准确位置无法正确辨认，一连五六个小时的搜救没有任何进展。不得已，大家只得从废墟边上开始，展开地毯式搜索，一点一点地掘进。不久，救援人员在堂屋找到了被埋的15岁少年。他是中年男子的儿子，已经死亡。

二、救援

31日上午10时许，在废墟下一米多深的地方，救援人员发现了这样的场景，8个多小时的搜救终于又有了进展。所有救援人员都非常激动，文伟和薛红兵、钟银、刘小威四个在最前线的战士更是用出了吃奶的劲儿，加紧挖掘。随着周围夯土一点一点被刨开，当被困者头部露出来时，4个人竟然都不约而同地迟疑了……

找到的被困者是求救男子的妻子，已经死亡。文伟等4人心情沉重地继续挖掘，却发现了一个"奇特"的姿势：这位中年妇女面部朝下，背部上拱，双手呈拥抱状，右手还握着筷子。

三、震撼

"下面肯定还有人！"薛红兵大叫起来，"汶川大地震的时候，这样的情况很多！"

果然，当薛红兵等徒手往下刨出10多厘米后，又一具遗体露出来，她正是遇难者9岁的女儿。这时，救援现场的人

们都因巨大的感动而沉默了——当地震来临时，母亲将女儿紧紧地拥在自己怀里，身体下伏、背部上拱，用自己的身体挡着不断掉落的夯土、瓦片、木头等杂物，拼命想护住自己的女儿。她反应之敏捷、动作之迅速，以至于忘了丢下自己手中的筷子……

求救的男子扑通一声跪倒在地，泪水瞬间打湿了面颊；协助救援的村民们也都纷纷捂着脸，退向外围；文伟、薛红兵、钟银和刘小威低下头，悄悄抹去眼泪，为了不伤害母女俩的遗体，4个人把锄头、铁锹等全部扔了出去，改为徒手挖掘，"每一秒钟，我都有一种想跪倒的感觉，我们所面对的，已不是她们的遗体，而是伟大的母爱。"

四、定格

"这个画面一辈子也不会忘记的！"

母女俩被完全刨出来时，依然保持着紧紧相拥的姿势。救援官兵们对她们实施了分离，但因为她们抱得太紧，分离花了差不多20分钟，而即便是完成分离后，这位母亲依旧保持着拥抱的姿势。

4名战士将母女俩遗体抱离现场后，又回废墟停留了10多分钟。大家坐在发现母女俩的地方，相顾无言。他们商量着，要把战友、媒体抓拍下来的照片永久珍藏，照片中间，是至死相拥的母女；两边，则是他们徒手挖刨的身影，"这个画面一辈子也不会忘记的！伟大的母亲，伟大的母爱！"

情感物语：

女人固然是脆弱的，母亲却是坚强的。在灾难降临的一瞬间，母亲想到的是孩子，这是一种本能。看到那幅照片，有的只是泪水，无情的灾难夺走了无数可爱的生命，却带不走人类最可敬可佩、最永恒、最伟大的母爱！

妈妈，这次我又迟到了

记得我上大学的那一天，妈妈说什么也要送我去报到，我却觉得很无颜面，因为别的同学都是自己去。为此，我一路上没和妈妈说一句话。

到学校办完了一切手续之后，妈妈陪我到寝室给我铺床装被，忙活了近一个小时，日头终于吝啬地收起了它最后一丝光辉，妈妈临走时又向同寝室的同学说："松这孩子平时不爱说话，你们大家以后要互相照应。"说完妈妈转身走了。我愣了一会儿突然顿悟，追了出去："妈，你今晚睡哪儿？""放心吧，我过来时踅摸了一家旅店，挺便宜，就十来块钱，你不用担心了，赶快回去早点睡觉吧，都忙活了一天了！"

53

那晚，我睡得很香很沉，确实太累了。妈妈更累，我却早已忽略了。

妈妈第二天很早过来跟我告别回家，确实家里很多事情需要料理。后来我从看更大爷嘴里得知：妈妈那晚根本没去什么旅馆，她就在寝室附近一个背阴的石板上坐了整整一宿。妈妈，对不起！大三暑假即将过去，我和弟弟每天都在贪婪地陶醉于一日两集的电视剧。有天妈妈叫我和弟弟到跟前："你们俩明天去看看你们姥爷吧，都一年多没去了！""嗯，明天去！"我们嘴里答应着，心里却在嘀咕："真是的，电视又接不上茬了！"第二天在外公家吃过

爸爸妈妈不容易

午饭，我们迫不及待地疯狂往家奔，因为外公家没有有线电视。

后来我读大四时，才知道外公得胃癌去世了，这个消息是在外公去世后两个月，妈妈才含着泪在电话里告诉我的。

悲痛之余，我更多地感到对妈妈的愧疚和感激之情：妈妈不仅尽到了她做女儿的孝，也为我和弟弟尽了做外孙的孝，更使我们在亲友面前没有失掉"孝"德，最为重要的是妈妈考虑到我们学习紧张，功课忙，如果中途回来会耽误学业。

妈妈，对不起，我爱你！

情感物语

妈妈是一个非常普通的农村妇女。然而，妈妈那无言的送赠与无法想象到的关爱，让我一次又一次迟到地领悟，谢谢您，妈妈！我会永远铭记您的用心良苦，深锁您的辛酸与劳苦，努力地工作，多挣些钱孝敬您，在您有生之年！

 ## 从狼嘴里交换来的母爱

那是19年前的事了。

那时我9岁，同母亲住在川南那座叫茶子山的山脚下。父亲远在省外一家兵工厂上班。母亲长着一副高大结实的身板和一双像男人一样打着厚茧的手。这双手只有在托着我的脑袋瓜子送我上学或拍着我的后背抚我入睡的时候，我才能感觉到她不可抗拒的母性的温柔与细腻。除此之外，连我也很难认同母亲是个纯粹的女人，特别是她挥刀砍柴的动作犹如一个左冲右突威猛无比的勇敢战将，粗如手臂的树枝如败兵一般在刀光剑影下哗哗倒地。那时的我虽然幼小，但已不欣赏母亲这种毫无女人味的挥刀动作。在那个有雪的冬夜，在那个与狼对峙的冬夜，我对母亲的所有看法在那场惊心动魄的"战争"后全然改写。

学校在离我家6里处的一个山坳里，我上学必须经过茶子山里一个叫乌托岭的地方。乌托岭方圆2里无人烟，岭上长着一丛丛常青的灌木。每天上学放学，母亲把我送过乌托岭然后又步行过乌托岭把我接回来。接送我的时候，母亲身上总带着那把砍柴用的砍刀，这并非是怕遇到劫匪，而是乌托岭上有狼。1980年冬的一个周末，下午放学后，因我肆无忌惮的玩耍而忘掉了时间，直到母亲找到学校，把我和几个同学从一个草垛里揪出来，我才发现天色已晚。

这是冬季里少有的一个月夜。夜莺藏在林子深处一会儿便发出一声悠长的啼叫，叫声久久地回荡在空旷的山野里，给原本应该美好的月夜平添了几分恐怖的气氛。

我紧紧拉着母亲的手，生怕在这个前不挨村后不着店的鬼地方遇到从未亲眼目睹过的狼。狼在这时候真的出现了。

在乌托岭上的那片开阔地，两对狼眼闪着荧荧的绿光，我和母亲几乎是在同时发现了那四团令人恐惧的绿光，母亲立即伸手捂住我的嘴，怕我叫出声来。我们站在原地，紧盯

爸爸妈妈不容易

着两匹狼一前一后慢慢地向我们靠近。那是两只饥饿的狼，确切地说是一只母狼和一只尚幼的狼崽，在月光的照映下能明显地看出它们的肚子如两片风干的猪皮紧紧贴在一起。母亲一把将我揽进怀里，我们都屏住了呼吸，眼看着一大一小两只狼大摇大摆地向我们逼近，在离我们6米开外的地方，母狼停了下来，冒着绿火的双眼直直地盯着我们。

母狼竖起了身上的毛，做出腾跃的姿势，随时准备扑向我们。狼崽也慢慢地从母狼身后走了上来，和它母亲站成一排，做出与母亲相同的姿势，它是要将我们当做训练捕食的目标！夜莺停止了啼叫，没有风，一切都在这时候屏声静气，空气仿佛已凝固，让人窒息得难受。

我的身体不由颤抖起来，母亲用左手紧紧揽着我的肩，我侧着头，用畏惧的双眼盯着那两只将要进攻的狼。隔着厚厚的棉袄，我甚至能感觉到从母亲手心浸入我肩膀的汗。然而母亲面部表情却是出奇的稳重与镇定，她轻轻地将我的头朝外挪了挪，悄悄伸出右手慢慢地从腋窝下抽出那把尺余长的砍刀。砍刀因常年的磨砺而闪烁着慑人的寒光，在抽出刀的一刹那，柔美的月光突地聚集在上面，随刀的移动，光在冰冷地翻滚跳跃。

杀气顿时凝聚在锋利的刀口之上。也许是慑于砍刀逼人的寒光，两只狼迅速地朝后退了几步，然后前腿趴下，身体弯成一个弓状。我紧张地咬住了嘴唇，我听母亲说过，那是狼在进攻前的最后一个姿势。

母亲将刀高举在空中，一旦狼扑上来，她会像砍柴一样毫不犹豫地横空劈下！那是怎样的时刻啊！双方都在静默中做着战前较量，我仿佛听见刀砍入狼体的"扑咏"的闷响，仿佛看见手起刀落时一股狼血喷面而来，仿佛一股浓浓的血腥已在我嗅觉深处弥漫开来。

母亲高举的右手在微微地颤抖着，颤抖的手使得刀不停摇晃，刺目的寒光一道道飞弹而出。这种正常的自卫姿态居然成了一种对狼的挑衅，一种战斗的召唤。母狼终于长嗥一声，突地腾空而起，身子在空中划了一道长长的弧线向我们直扑而来。在这紧急关头，母亲本能地将我朝后一拨，同时一刀斜砍下去。没想到狡猾的母狼却是虚晃一招，它安全地落在离母亲两米远的地方。刀没能砍中它，它在落地的一瞬快速地朝后退了几米，又做出进攻的姿势。

就在母亲还未来得及重新挥刀的间隙，狼崽像得到了母亲的旨意，紧跟着飞腾而出扑向母亲，母亲打了个趔趄，跌坐在地上，狼崽正好压在了母亲的胸上。在狼崽张嘴咬向母亲脖子的一刹，只见母亲伸出左臂，死死扼住了狼崽的头部。由于狼崽太小，力气不及母亲，它被扼住的头怎么也动弹不得，四只脚不停地在母亲的胸上狂抓乱舞，棉袄内的棉花一会儿便一团团地被抓了出来。母亲一边同狼崽挣扎，一边重新举起了刀。她几乎还来不及向狼崽的脖子上抹去，最可怕的一幕又发生了。

就在母亲同狼崽挣扎的当儿，母狼避开母亲手上砍刀折射出的光芒，换了一个方向朝躲在母亲身后的我扑了过来。我惊恐地大叫一声倒在地上用双手抱住头紧紧地闭上了眼睛。我的头脑一片空白，只感觉到母狼有力的前爪已按在我的胸上和肩上，狼口喷出的热热的腥味已经钻进了我的领

爸爸妈妈不容易

57

窝。就在这一刻，母亲忽然悲怆地大吼一声，将砍刀埋进了狼崽后颈的皮肉里，刀割进皮肉的刺痛让狼崽发出了一声渴望救援的哀号、奇迹在这时发生了。

　　我突然感到母狼喷着腥味的口猛地离开了我的颈窝。它没有对我下口。我慢慢地睁开双眼，看到仍压着我双肩的母狼正侧着头用喷着绿火的眼睛紧盯着母亲和小狼崽。母亲和狼崽也用一种绝望的眼神盯着我和母狼。母亲手中的砍刀仍紧贴着狼崽的后颈，她没有用力割，砍刀露出的部分，有一条像墨线一样的细细的东西缓缓流动，那是狼崽的血！母亲用愤怒恐惧而又绝望的眼神直视着母狼，她紧咬着牙，不断地喘着粗气，那种无以表达的神情却似最有力的警告直逼母狼：母狼一旦出口伤害我，母亲就毫不犹豫地割下狼崽的头！动物与人的母性的较量在无助的旷野中又开始久久地持续起来。无论谁先动口或动手，迎来的都将是失子的惨烈代价。相峙足足持续了5分钟，母狼伸长舌头，扭过头看了我一眼，然后轻轻地放开那只抓住我手臂的右爪，继而又将按在我胸上的那只左脚也抽了回去，先前还高耸着的狼毛慢慢地趴了下去，它站在我面前，一边大口大口地喘气，一边用一种奇特的眼神望着母亲，母亲的刀慢慢地从狼崽脖子上滑了下来，她就着臂力将狼崽使劲往远处一抛，"扑"的一声将它抛到几米外的草丛里。母狼撒腿奔了过去，对着狼崽一边闻一边舔。母亲也急忙转身，将已吓得不能站立的我扶了起来，把我揽入怀中，她仍将砍刀紧握在手，预防狼的再一次攻击。

　　母狼没有做第二次进攻，它和狼崽伫立在原地呆呆地看着我们，然后张大嘴巴朝天发出一声长嗥，像一只温顺的家犬带着狼崽很快消失在幽暗的丛林中。

母亲将我背在背上，一只手托着我的屁股，一只手提着刀飞快地朝家跑去，刚迈进家门槛，她便腿一软摔倒在地昏了过去，手中的砍刀"咣当"一声摔出好几米远，而她那像男人般打满老茧的大手仍死死地搂着还趴在她背上的我。

情感物语

故事中最精彩最吸引人的部分应该不是母亲怎样对付狼，而是母亲与母狼对峙、较量母性之爱的那一瞬间。母亲是勇敢而且机敏聪明的，她知道制伏狼营救儿子的方法不是凶狠勇猛，而是靠爱的力量，靠所有母性都特有的致命弱点——爱子高于一切！在这一点上，母狼与母亲是一致的。

20000ml母亲血

40多年前，王洪琼降生在四川省奉节县白帝镇凉水村。4岁那年，父母相继去世，留给她的是一间摇摇欲坠的破茅房。

无依无靠的王洪琼成了孤儿，王洪琼的命运引起了一位远房亲戚的同情。为了这个苦命的妹子，他开始为她物色对象。然而，问了一家又一家，却没人愿意接纳这位一贫如洗

的妹子。

那是一个阳光明媚的春日，当王洪琼兴高采烈地跟叔叔来到新城乡堰沟村相亲时，她的眼睛顿时瞪直了。她怎么也没想到，站在她面前的是个矮小、痴呆、说话结巴的男人！

王洪琼的心在滴血，她想拒绝，但无家可归的现实又迫使她不得不往好处想：这个叫苏兴强的男人虽然显得傻一点，但他家有两间瓦房，住地又离城镇近，比起自己的流浪生活来，已经是好得不能再好了。几个昼夜的矛盾后，她同意了！

不久，这个拥有10口人的大家庭分家，王洪琼与丈夫分得一间破陋的瓦房，一床扯得很烂的棉絮。

她摊上两个聋哑了的儿子。

1974年正月初三，王洪琼生下了一个大胖小子。王洪琼笑了。她那老实巴交的男人也乐得合不拢嘴。然而笑容尚未消失，忧虑袭上心头："大人都养活不了，儿子拿什么养活？"

她苦着自己，尽心尽力地疼爱着儿子、丈夫。每次，只要家里分到了点大米、苞谷，她总是先满足他俩，而自己则顿顿用青菜对付。儿子一天天长大了，虽不如城里孩子那么健壮，却也活泼可爱。看到这一切，王洪琼感到莫大的慰藉。

儿子苏龙兵快5岁那年，突然出了麻疹。王洪琼没见过这症状，顿时吓得手忙脚乱。邻居说："小娃出麻疹很正常，要不了几天就会好的。"

王洪琼信以为真，照旧出工挣工分。第二天，她正在地里铲土，丈夫突然跌跌撞撞跑来，他说儿子哭着哭着就没声音了！她赶紧回家，一瞧，儿子的嘴唇已经干裂了，满身虚汗淋漓。她知道大事不好，急急忙忙朝医院跑，可伸手往口袋里一摸，身上仅有5角钱。这一点钱，医院怎么会收治儿子呢？王洪琼只得哭着将儿子又背回家，四处找人打听治麻疹的草药"偏方"。村里的乡亲终于帮她打听来了偏方，她操起一把镰刀便上了山。她在山上急急忙忙四处寻觅着，突然，她的前脚踩空，连人带筐滚下100多米深的山沟里。也许是上天可怜，她居然还活着，只是头破了、手伤了。她捂着头，再次往上艰难地爬去……

就回到家里，她撕了一条破布头将头包好，赶紧给儿子熬药。一天天过去，儿子喝了药后依然哭不出声，王洪琼狠了狠心：借钱也要送儿子去医院！她找邻居，求公婆，可那时的乡民谁有钱借给她呢？急疯了的王洪琼不得已只好跑到信用社请求贷款。可信用社只能给集体贷生产性用款，私人贷款根本不可能！王洪琼长跪不起一个劲磕头，鲜血都磕出来了。信用社干部见状含泪扶起她，破天荒贷给她200元。200元在医院里像流水一样很快花光了，眼见医院要停药，王洪琼急得在病房外号啕大哭，再找信用社已不可能，怎么办呀！

就在她无计可施的时候，有位好心人替她出了个弄钱的法子——卖血！王洪琼战战兢兢地用300ml血浆换来了30元钱，一个星期后，她又换了名字卖了一次血。靠着这卖血换来的60元钱，儿子又开始了新的治疗。可是医生最终还是告诉她：因为耽误的时间过长，儿子哑了！王洪琼当时昏了

过去，醒来后，她默默地背着儿子回了家。儿子残废了，身体虚得厉害，王洪琼用赎罪的心理调养着他。好像是找到了一条"赚钱"的捷径，她一次次偷偷地跑到县人民医院去卖血。用这些钱为儿子买来鸡蛋、大米；而她自己和丈夫天天在灶头吃的是青菜、红薯、洋芋。儿子的身体渐渐好了起来，王洪琼的身体却越来越差，几次晕倒在田间、屋内。王洪琼知道靠不住丈夫，依然用瘦小的身躯支撑着这个贫穷的家。

1982年12月30日，王洪琼又生了个小儿子苏剑。小儿子聪明伶俐，王洪琼把整个身心都倾注到了他身上，寄希望于他能拯救这个贫穷的家。

11个月后，小儿子发起高烧来。没钱的王洪琼以为不会出什么大问题，于是去买了几片阿司匹林。她相信命运应该从此开眼了。然而她大错特错了。两天后，儿子的烧不但不退，嗓子却喊不出声了！有了一次教训的王洪琼心一下子沉了下来。她慌忙再次到信用社贷了300元，又偷偷跑去医院卖了300ml血。小儿子被赶紧送进了县医院。医生告诉她："你儿子连续一周40摄氏度，很可能会成哑巴！"

王洪琼一听脸都吓白了，她瘫跪在医生面前说："医生，医生，求求你，我的大儿子已经哑了，您千万救救我的小儿子呀！"王洪琼急疯了，她在这段时间里几乎一个月卖一次血。儿子被烧得张大着嘴手舞足蹈，没有杯子、汤匙，她用嘴巴给儿子喂开水服药……这一切努力都无法挽回儿子的健康，她的小儿子又哑了！王洪琼垮了，她决定去死。她用卖血的钱买回了一瓶农药，给儿子买回了最好吃的东西，她要最后尽一次母亲的义务。回到家，当两个不懂事的哑巴儿子抢着吃糖果、糕点的时候，她的心在滴血。"儿啊，妈对不起你们！"她在村外山上转了一圈又一圈，当她折回准备再看一眼儿子、丈夫时，寻死的勇气一下子没了。憨乎乎的丈夫缩在灶门前，两个残废的儿子在床上无声地玩耍。"我死了，他们怎么活下去啊？"

　　1993年9月，到县城卖菜的王洪琼听说县里办了一所聋哑学校，不觉心里一动：何不将11岁的小儿子送来读几年书？尽管当时她还有100多元的欠债，但她还是决定给小儿子一个念书的机会。

　　"村里有的健康儿童也未读书，你让哑巴儿子读书不是自己增添负担？"村里很多人都劝她，但王洪琼有她的想法：儿子哑了，可只有让他读书将来才能有出息，才能在社会立足，没钱，我再去卖血！大儿子智力太差，年龄也大了，只能把小儿子苏剑带到奉节县聋哑学校。当听说学生必须每个月缴30元生活费时，她吃了一惊！

　　一贫如洗的王洪琼迟疑了一会儿，最后咬了咬牙说："老师，下午我就把生活费交来。"半个小时后，她来到医院门口，可她转了一圈又一圈，迟迟疑疑不敢进去。她到这里来的次数太多了，医生早已熟悉了她，按规定，献血至少要隔3个月，可她前一个月刚到这里献过一回血。

　　果然，当她进去后，医生认出了她："您不要命了！"不能怪医生，无论是从医院的制度还是从职业道德来讲，他都不能同意。

王洪琼又一膝跪下了："我儿子是个哑巴，今天我送他来城里聋哑学校读书，他听到读书欢天喜地，可人家要交钱，我不能让我的哑儿子失望呀！"医生感动得又摇头又叹息，一挥手，又给她抽了300ml。王洪琼捧着80元钱（此时已由30元涨至80元），40年来从未如此高兴过，尽管眼冒金星，可她还是在大街头上为儿子买回了学习用品和洗漱用品，而后又到学校交了生活费。苏剑看到新书包，欢天喜地一把抢过，他哪里知道，这是他妈妈用鲜血换来的呀！此后，为了解决小儿子每月30元的生活费王洪琼每隔2至3个月，便要悄悄地到医院去卖一次血。

　　1994年3月，王洪琼为了给苏剑凑齐下学期的学费连续两次到医院卖血。由于卖血过频，加上严重的营养不良，一天，正在灶前煮猪食的她突然发生休克昏倒在地，她的右脚不知不觉伸进了灶洞。王洪琼彻底失去了知觉。火热的红炭掉下来，烫焦了她的腿，她却浑然不知，半个小时后，外出干活的大儿子收工回家发现了她，赶紧拿出吃奶的力气将母亲抱到床上，跪在母亲的床前"咿咿呀呀"地大声哭泣唤着母亲。

　　苏剑被乡亲们唤了回来，当乡亲们在路上用手语告诉他，你母亲为了让你读书，已经连续卖了10多次血，12岁的苏剑张大着嘴，泪水像小河一样流了一脸，他疯了一样向家里跑去……苏剑一步一磕头地移到母亲床前，用稚嫩的双手拼命比划着："妈妈，妈妈，我不念书了，我再不念书了，你的血会抽光的呀！"王洪琼怎能不让儿子念书呢？可小苏剑却从此像变了一个人。他一回家，便像个大人似的抢着帮妈妈干活，在学校里，就是课间休息，也抱着课本啃读。他的智力很一般，可为了报答母亲，小苏剑竭尽全力地拼命读书。1994年下半学期的全省统考中，苏剑的语文考了96分，数学考了97分，位于全市的前列。那天一放学，他便捧着试卷小鸟一样地向家里飞去。他撞开大门，"扑"的一声跪到了母亲面前。王洪琼被小儿子吓了一大跳，等她看到儿子双手捧过头顶的试卷时，喜极而泣，把儿子抱得好紧好紧！小苏剑用勤奋、用优秀成绩宽慰着母亲，王洪琼从此有了笑容。17年间，她共卖了约20000ml鲜血，照此数字算她身上的血约被抽光了5次，她的笑来得太迟了！

王洪琼靠卖血养家及送子求学的境遇是当地一段令人心酸的美谈，她淳朴的乡邻从来不吝于向她伸出援助之手。尽管他们同样过着贫困的生活，但他们总是用几块钱、几个鸡蛋资助着这困难的一家！

1994年教师节，奉节县石油公司的领导到聋哑学校慰问教师，当听到王洪琼卖血送子求学的事情后，他们流下了热泪，当即捐出了一笔钱。王洪琼卖血送子求学的经历也通过新闻媒介披露出来。四川省化学工业厅领导、职工为奉节县聋哑学校捐赠了大批衣服，而给苏剑及家人整整送了20件半新衣裤，足够苏剑及其家人穿上3年！

重庆银渝贸易公司一员工三次打来电话，要把苏剑接到重庆聋哑学校读书，与此同时，该公司10余名青年愿为他提供经济资助。一个没有署名的贫困山区的贫困户，居然也寄来了50元钱。他在信中说："我们都很穷，但你的命比我们更苦。这点钱你一定收下！"

爸爸妈妈不容易

収下吧，走过了17年漫漫卖血路的母亲！从此请把鲜血都留给自己。

情感物语

有时候，真的不明白：为什么不幸总不断降临在一个破碎不堪的家庭？冒着生命危险采草药，跪在信用社磕头到流血，绝望到尽头曾想寻短见又因不忍抛下这个家而回头，卖血供儿子读书走过了漫长的17年，共计20000ml的鲜红血液！这是怎样的一个数字和概念！

父爱如山 第四辑

　　父爱指父亲给予孩子的爱，让孩子感受到父爱的温暖。父亲从男性的角度，给予孩子坚强、自立、自强、自信、宽容，使孩子能感觉到与母爱不同的爱。母爱是细腻的，而父爱是严肃、刚强、博大精深的。父爱如山，只是父亲表达爱的方式不同而已，但是爱子女的心和母亲一样伟大。

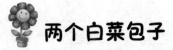

两个白菜包子

　　大概有那么两年的时间，父亲在中午拥有属于他的两个包子，那是他的午饭。记忆中好像那是八十年代初期的事，我和哥哥都小，一人拖一把大鼻涕，每天的任务之一是能不能搞到一点属于一日三餐之外的美食。父亲在离家30多里的大山里做石匠，早晨骑一辆破自行车走，晚上骑这辆破自行车回。两个包子是他的午餐，是母亲每天天不亮点着油灯为父亲包的。其实说那是两个包子，完全是降级了包子的标

准，那里面没有一丝的肉末，只是两滴猪油外加白菜帮子沫而已。

　　父亲身体不好，那是父亲的午饭。父亲的工作是每天把50多斤重的大锤挥动几千多下，两个包子，只是维持他继续挥动大锤的资本。

　　记得那时家里其实已经能吃上白面了，只是很不连贯。而那时年幼的我和哥哥，对于顿顿的窝窝头和地瓜干总是充满了一种刻骨的仇恨。于是，父亲的包子成了我和哥哥的唯一目标。

　　现在回想起来，我仍然对自己年幼的无耻而感到羞愧。

　　为了搞到这个包子，我和哥哥每天总是会跑到村口去迎接父亲。见到父亲的身影时，我们就会高声叫着冲上前去。这时父亲就会微笑着从他的挎包里掏出本是他的午饭的两个

包子，我和哥哥一人一个。

包子虽然并不是特别可口，但仍然能够满足于我与哥哥的嘴馋。

这样的生活持续了两年，期间我和哥哥谁也不敢对母亲说，父亲也从未把这事告诉母亲。所以母亲仍然天不亮就点着油灯包着两个包子，而那已成了我和哥哥的零食。

后来家里可以顿顿吃上白面了，我和哥哥开始逐渐对那两个包子失去了兴趣，这两个包子才重新又属于我的父亲。而那时我和哥哥已经上了小学。

而关于这两个包子的往事，多年来我一直觉得对不住父亲。因为那不是父亲的零食，那是他的午饭。两年来，父亲为了我和哥哥，竟然没有吃过午饭。这样的反思经常揪着我的心，我觉得我可能一生都报答不了父亲的这个包子。

前几年回家，饭后与父亲谈及此事，父亲却给我讲述了他的另一种心酸。

他说，其实他在工地上也会吃饭的，只是买个硬窝窝头而已。只是那么一天，他为了多干点活儿，错过了吃饭的时间，已经买不到窝窝头。后来他饿极了，就吃掉了本就应属于他的两个包子。后来在村口，我和哥哥照例去迎接他，当我们高喊着"爹回来了爹回来了"，父亲搓着自己的双手，他感到很内疚。因为他无法满足他的儿子。

他说："我为什么要吃掉那两个包子呢？其实我可以坚持到回家的。我记得那时你们很失望，当时，我差点落泪。"

父亲说，为这事，他内疚了20多年。

其实这件事我早忘了，或者当时我确实是很失望，但我确实忘了。我只记得我幼稚的无耻，或者我并不真的需要那个包子。然而我的父亲，他却为了不能一次满足于他的儿子，内疚了20多年。

情感物语

子女的心愿在父母心中的分量甚至超过他们的生命！历尽千辛万苦，也要想方设法满足。但是他们所承受的艰辛与痛苦却留在心里，不让子女们看到。

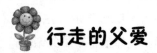

行走的父爱

那天，我开车去一个村庄采访，结束时已近黄昏，晚上又有朋友约着吃饭。走到一条僻静的沙石路，远远地，我看见一个矮小的身影，近了，看清是一位老人，佝偻着背，拄一根拐杖，走起来十分吃力。我落下车玻璃，说："大爷，您去哪儿，要不要我捎你一程？"

老人耳朵有些背，明白了我的心意后，满是皱纹的脸上显得很感激。我下车，扶他在后座上坐下。

车启动，我才知道我犯了一个错误，老人要去的村子跟我并不顺路，简直就是南辕北辙。可我已经不能把他放下了，只好掉头加速前进，边走边和他拉着家常。

他说，他是去看女儿的，从昨天早晨一直走到现在，也不知怎么回事，这路走起来就这么长，昨晚，他就在一间破屋底下蹲了一夜。

我有些惊讶，心想这雷锋还真当着了，要是寒冬腊月，还不得把人冻死？我回头看了他一眼，大声说："大爷，您是迷路了，这样走下去，再走10天也到不了您女儿家的。"

老人眯缝着眼，微微地笑着，不住地说着感谢话。

我说："您女儿家没有电话吗，怎么不叫她来接您呢？您这么大年纪，真走丢了可怎么办呢。"

这一问不打紧，老人干裂的嘴唇嚅动两下，眼窝里就噙满了泪。他说女儿病了，家里的人都瞒着他。他一共有6儿1女，女儿最是孝顺，每半个月必定回来看他跟老伴一次，这次两个月没回来了，他生了疑，后来就偷着听孩子们说话，知道女儿查出得了那种不好的病。

71

他说的不好的病我知道，就是癌症。

他怕女儿突然死去，见不到女儿一面，所以就瞒着家人跑出来了，谁知却迷了路。

我不由得一阵感慨，说："大爷，您这么一声不响地走了，家里人不知道该怎么着急呢，您知道家里的电话吗，我先跟他们说一声。"

他摇了摇头。

一个小时后，到了老人说的那个村庄，很顺利，我找到了他的女儿家。

她的女儿50多岁，看上去气色还好。老人一下车，扔掉拐杖就向女儿跑过去，一把抱住她，老泪纵横。女儿一边抚着他的肩膀，一边用疑惑的眼神问我怎么回事，你怎么把他

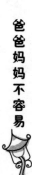

爸爸妈妈不容易

送到这里的？我家里出了什么事吗？

我把事情的原委简单解释一下，说你爸为了来看你，走了两天，昨晚还在一间破屋底下蹲了一夜呢。

女人听了，顾不上谢我，抱住老人的肩膀，失声痛哭，说："爸爸，我没事，真的没事，你来家，我给你看病历，医生说只要动个小手术，就没事了，真的爸爸，我没有骗你……"

老人不信，推开女儿，左看看，右看看，哽咽着说不出话。

边上围过几个人，也上前劝慰老人，帮着女儿解释。

我悄悄发动起引擎，走了。

走出很远了，我的眼前还是闪现着刚才的影像。我的眼睛不觉湿润了。

情感物语

德国有句谚语：要成个父亲是件难事，要担当起父亲的责任更是难上加难。作为父亲，在外打拼奋斗其实并非他生命中的难事，父亲的最痛在于他深埋心底的牵肠挂肚。跋山涉水，历尽艰辛，只为求得一个子女平安的消息。父亲，真的是一个好累的字眼！

两只麻袋

刘刚是个抢劫犯，入狱一年了，从来没人看过他。

眼看别的犯人隔三差五就有人来探监，送来各种好吃的，刘刚眼馋，就给父母写信，让他们来，也不为好吃的，就是想他们。

在无数封信石沉大海后，刘刚明白了，父母抛弃了他。伤心和绝望之余，他又写了一封信，说如果父母再不来，他们将永远失去他这个儿子。这不是说气话，几个重刑犯拉他一起越狱不是一两天了，他只是一直下不了决心，现在反正是爹不亲娘不爱、赤条条无牵挂了，还有什么好担心的？

这天天气特别冷，刘刚正和几个"秃瓢"密谋越狱，忽然，有人喊道："刘刚，有人来看你！"会是谁呢？进探监室一看，刘刚呆了，是妈妈！一年不见，妈妈变得都认不出来了。才50开外的人，头发全白了，腰弯得像虾米，人瘦得不成形，衣裳破破烂烂，一双脚竟然光着，满是污垢和血迹，身旁还放着两只破麻布口袋。

娘儿俩对视着，没等刘刚开口，妈妈浑浊的眼泪就流出来了，她边抹眼泪边说："小刚，信我收到了，别怪爸妈狠心，实在是抽不开身啊，你爸……又病了，我要服侍他，再说路又远……"这时，指导员端来一大碗热气腾腾的鸡蛋面进来了，热情地说："大娘，吃口面再谈。"刘妈妈忙站起

爸爸妈妈不容易

身，手在身上使劲地擦着："使不得、使不得。"指导员把碗塞到老人的手中，笑着说："我娘也就您这个岁数了，娘吃儿子一碗面不应该吗？"刘妈妈不再说话，低下头"呼啦呼啦"吃起来，吃得是那个快那个香啊，好像多少天没吃饭了。

等妈妈吃完了，刘刚看着她那双又红又肿、裂了许多血口的脚，忍不住问："妈，你的脚怎么了？鞋呢？"还没等妈妈回答，指导员冷冷地接过话："你妈是步行来的，鞋早磨破了。"

步行？从家到这儿有三四百里路，而且很长一段是山路！刘刚慢慢蹲下身，轻轻抚着那双不成形的脚："妈，你怎么不坐车啊？怎么不买双鞋啊？"

妈妈缩起脚，装着不在意地说："坐什么车啊，走路挺好的，唉，今年闹猪瘟，家里的几头猪全死了，天又干，庄稼收成不好，还有你爸……看病……花了好多钱……你爸身子好的话，我们早来看你了，你别怪爸妈。"

指导员擦了擦眼泪，悄悄退了出去。刘刚低着头问："爸的身子好些了吗？"

刘刚等了半天不见回答，头一抬，妈妈正在擦眼泪，嘴里却说："沙子迷眼了，你问你爸？噢，他快好了……他让我告诉你，别牵挂他，好好改造。"

探监时间结束了。指导员进来，手里抓着一大把票子，说："大娘，这是我们几个管教人员的一点心意，您可不能光着脚走回去了，不然，刘刚还不心疼死啊！"

刘刚妈妈双手直摇，说："这哪成啊，娃儿在你这里，已够你操心的了，我再要你钱，不是折我的寿吗？"

指导员声音颤抖着说："做儿子的，不能让你享福，反而让老人担惊受怕，让您光脚走几百里路来这儿，如果再光脚走回去，这个儿子还算个人吗？"

刘刚撑不住了，声音嘶哑地喊道："妈！"就再也发不出声了，此时窗外也是泣声一片，那是指导员喊来旁观的劳改犯们发出的。

这时，有个狱警进了屋，故作轻松地说："别哭了，妈妈来看儿子是喜事啊，应该笑才对，让我看看大娘带了什么好吃的。"他边说边拎起麻袋就倒，刘刚妈妈来不及阻挡，口袋里的东西全倒了出来。顿时，所有的人都愣了。

第一只口袋倒出的，全是馒头、面饼什么的，四分五裂，硬如石头，而且个个不同。不用说，这是刘刚妈妈一路乞讨来的。刘刚妈妈窘极了，双手揪着衣角，喃喃地说："娃，别怪妈做这下作事，家里实在拿不出什么东西……"

刘刚像没听见似的，直勾勾地盯住第二只麻袋里倒出的东西，那是一个骨灰盒！刘刚呆呆地问："妈，这是什么？"刘刚妈神色慌张起来，伸手要抱那个骨灰盒："没……没什么……"刘刚发疯般抢了过来，浑身颤抖："妈，这是什么？！"

刘刚妈无力地坐了下去，花白的头发剧烈的抖动着。好半天，她才吃力地说："那是……你爸！为了攒钱来看你，他没日没夜地打工，身子给累垮了。临死前，他说他生前没来看你，心里难受，死后一定要我带他来，看你最后一眼……"

刘刚发出撕心裂肺的一声长号："爸，我改……"接着"扑通"一声跪了下去，一个劲儿地用头撞地。"扑通、扑通"，只见探监室外黑压压跪倒一片，痛哭声响彻天空……

情感物语

儿女，永远是父母心中的最爱与最疼，不管儿女犯下了多大的错误，或是滔天的罪行，而作为儿女的我们，往往因为误会和对父母苛求太甚而导致终生遗憾和悔恨。感悟父母这份浓情厚谊，爱你的父母，反哺从今开始，从点滴做起。

父爱的深度

我跟杨炎结婚8年，没见过公公。开始我以为杨炎是怕我嫌弃那个家，不肯带我回去。

有一次，我买好了3张去他家的车票，兴冲冲地摆到他面前，说："冲儿都5岁了，也该见见爷爷奶奶了。"却不想杨炎的脸一下子拉得老长，把车票撕得粉碎。杨炎鼻子不是鼻子脸不是脸地说："冲儿没有爷爷，我也没有爹。"我从没见过他生那么大的气。

我沉默着把收拾好的包打开，把给公婆买的礼物扔进了垃圾桶。那个晚上，我睡在了冲儿的床上。

杨炎从农村出来，我知道他不是个忘恩负义的人。每年过年过节，他都要买很多东西寄回家。每次打电话，他都说："娘，来城里住些日子吧！"娘去了哥哥姐姐家，他总心急火燎地奔过去。杨炎从来不提爹。我不知道他们之间到底有什么心结。

第二天是周末，杨炎把冲儿送到姥姥家。回来接过我手里正洗的衣服，第一次跟我说起我未见过面的公公。

杨炎是家里的老三，上面有一个哥哥，一个姐姐，都上了大学。这我是知道的。我总说："咱爹咱娘真的很伟大，农民家庭供出三个大学生！"那时，杨炎总是一口接一口地抽烟，不接我的话。

杨炎上初三那年，姐姐继哥哥考上大学后，也考上了本省最好的师范学校。收到录取通知书那天，全家人都在侍弄那二分烤烟地，阳光明晃晃的，把家里人的心情都晒得焦躁。姐姐带着哭音说："我不去了，我去深圳打工，供小炎上学。"

爹重重地把手里的锄头摔在地上："不上学，也轮不到你！"杨炎抬起头，说："姐，我16了，我不念了。"母亲在一边抹眼泪。哥哥蹲在地边，有气无力地说："我再找两份家教，咱们挺挺，我毕业了就好了。"

家里东凑西凑还是没凑够姐姐的学费。爹抬腿出去，回来时，手里攥了一把崭新的票子。他把马上就可以卖钱的烤烟地贱卖给了村里的会计。娘说："就这点地都卖了，咱往后吃啥喝啥？"爹说："实在不行，就让老疙瘩下来。"或者爹只是那样一说，杨炎却记在了心里。尽管

他说了不念的话，但这话从爹的嘴里说出来，他心里还是很不是滋味。

姐姐上学走了。爹出去帮人家烤烟叶。爹的手艺好，忙得不可开交。杨炎却因为爹的那句话，学习上松懈下来，反正早晚都是辍学的命，玩命学又怎么样？很快，他便跟一帮社会上的孩子混到了一起。

直到有一天，他跟那些所谓的"朋友"去水库玩了一天回来，看到爹铁青着脸站在门口等他。

见了他，爹上来就给了他一巴掌。爹说："既然你不愿意上学，那好，从明天起，你就别上了，跟你三舅去工地上做小工！"

他瞪着爹，心里的委屈一下子涌上来，他喊："凭什么让他俩上学，不让我上？"

爹说："因为你是老疙瘩，没别的理由。"

他梗起脖子，说："不让我上学，我就不活了。"杨炎是个说到做到的人，他整整饿了自己5天，娘找来了村里叔叔伯伯。爹说："想上学可以，打欠条吧，你花我的每一分钱，你都给我写上字据，将来你挣钱了，都还给我。我和你娘不能养了儿子，最后谁都指望不上。"

他坐起来，抖着手写了字据给爹。他咬牙切齿地说："你放心，我一分一厘也不会欠你的。"

那晚，他跑到村东头的小河边哭了一夜。他想：爹一定不是亲的，否则，他怎么会如此对他？

那次割豆子，杨炎一镰刀下去，割伤了腿。娘给他抹药时，他说："娘，我是你们要来的吧？"

娘叹了口气，说："别怪你爹，他也是被逼得没法儿了，他怕你们都走了，孤得慌。"

他看了看正在院子里侍弄那半根萝卜垄的爹说："人家的父母砸锅卖铁都供孩子上学，哪像他，一天只知道钱钱钱。他一天到晚净干那没用的。"

爹每年都要在院子里种半垄萝卜，也许是土质不好，萝卜全都很小很小，几乎不能吃，全家人只能喝味道很难闻的萝卜缨子汤。

上高中时，哥哥毕业上班了，姐姐的生活费也可以自理了。按理说家里的条件好了很多，爹应该对他松一点了。

可是，每次他回家拿生活费、资料费，爹都郑重其事地掏出那张欠条，让他把钱数记在后面，签上名字日期。每次写这些时，他都会咬紧牙关，然后把对爹的感情踩在脚底下。

那年高考，他考了全乡最高分。他给哥哥姐姐写了封信，信里说：他不指望爹能供他上大学，希望他们可以借他一点钱，这些钱将来他都会还。信里面写得很决绝，那时，他的眼里只有前程，亲情对于他，不过是娘的一滴滴眼泪，一点用处也没有。

上大学走的那天，他噙着泪离家，甚至没跟爹打声招呼。他已经很多年没叫他爹了。在他眼里，爹更像是一个债主，有了他一笔笔债压着杨炎，杨炎才能使劲地往外走。杨炎吸了一口烟说："我能有今天，也算拜他所赐！"

走到村口，杨炎回头看家里低矮的土房，一不小心看到站在门口的爹，他手搭着凉棚向他离家的地方望。杨炎转过

头，心变得很硬很硬。

杨炎说："小云，第一次去你家，咱爸给我剥橘子，跟我下象棋，和颜悦色地说话，我回来就哭了一场。这样的父亲才是父亲啊。"说完，他的眼睛又湿了。

我走过去，把他搂在怀里。我不知道那位未曾谋面的公公会以这样无情的方式对待自己的儿子。难道贫穷把亲情都磨光了吗？

杨炎从一本旧书里找出一张皱皱的纸，我看着上面密密麻麻记着好些账。下面写着杨炎的名字。杨炎说："还清了这张纸，我不欠他什么了。"

我看得出杨炎不快乐，他对冲儿极其溺爱，他不接受别人说冲儿一点点不好，就连我管冲儿，他都会跟我翻脸。我知道杨炎心里有个结。

跟单位打好招呼，我对杨炎说要出差几天，然后去了杨炎的老家。

打听着找到杨炎家，有了心理准备还是吃了一惊。家里三个在城里工作的儿女，都寄钱回来，怎么他们还住着村里最破的土坯房呢？

婆婆出来倒泔水，看到我，愣了一下，说："你怎么来了？"我和杨炎结婚时，婆婆去过。

把我让进屋，昏暗的光线里，我看到佝偻到炕上的老人。他挣扎着起来，婆婆说："这是小云，杨炎家的。"公公"哦"了一声，用手划拉了一下炕，说："走累了吧，快坐。"

没有想象里的凶神恶煞，感觉他只是个慈祥的乡下老头。

"爹，你咋了？"婆婆刚要说，公公便给她递了个眼色，他说："没啥，人老了，零件都不好使了。"婆婆抹了抹眼睛，开始给我张罗饭。

帮她做饭的当儿，婆婆问起杨炎和冲儿。我用余光看公公，他装作若无其事，可我知道他听得很仔细。

跟婆婆出去抱柴，我说："杨炎还在记恨我爹呢！"

婆婆的泪汹涌而出："都说父子是前世的冤家，这话一点不假。你爹那个脾气死犟，杨炎更是八头牛都拉不回来。其实，最疼小炎的还是你爹。你看这半根垄，你爹年年种，就是家里再难的时候，也没把它种成别的。就是因为杨炎内虚，有个老中医出了个偏方说萝卜缨泡水能补气，你爹就记下了。年年都是他把萝卜缨晒好了，寄给你们，然后让我打电话，还不让我说是他弄的……"

81

"那为什么爹那时那样对杨炎呢？"

"那时候杨炎在外面交了不三不四的朋友，你爹若不用些激将法，怕是那学他就真的不念了。每次找他回来干活，都是你爹想他，又不明说。你爹的身体不行了，动哪哪疼，可是他不让我跟孩子说，他说，'你们好比啥都强，想到你们，他就哪儿都不疼了……'"

我的眼睛模糊了。父爱是口深井，儿子那浅浅的桶，怎么能量出井的深度呢？娘说："他每天晚上梦里都喊儿女的名字，醒了，就说些他们小时候的事。他说，'孩子小时候多好，穷是穷点，可都在身边，唧唧喳喳地，想清静一会儿都不行……'"

爸爸妈妈不容易

情感物语

　　读到结尾，觉得意犹未尽，很遗憾，不知道杨炎能否原谅父亲，体会他那份深沉的父爱？父爱像一口深井，做儿女的我们，常常自以为看到水面，就已知道水的深浅。不料，终其一生，我们也无法抵达父爱的深度。父爱像右手，付出了那么多，却从不需要左手说谢谢。

逝去的父亲

　　我是一名舞蹈学生，家境并不富裕，父亲常说，别人家里的钱是赚来的，我们家里的钱是从牙缝里省下来的。父亲一向不爱给自己花钱，就这样，供我读了这么多年的专业。

　　可是，就在我考完高考，春风得意之时，命运却跟我开了个天大的玩笑。我的专业课加试一共考了三个重点大学，三个都下了通知书。远在湖北工作的父亲也很高兴，就在我备战文化课考试时，父亲说要给我打气，亲自从湖北赶回来，当时父亲已经患有严重的心肌梗死，毅然决定从湖北赶回来。

　　4月15日早上，听母亲打电话说父亲在火车上犯病了，要我去接他，早上我坐从吉林到沈阳的客车，当我赶到时，发现父亲自己躺在火车站台上，看见我时和我说的第一句话就是："鹏，我可能回不去家了。"

当时我感觉很害怕，我把我的专业课通知书给他看，一直在安慰他，当时我看他拿着我通知书的手是颤抖的，我怕极了，想哭，但是我……

结果，父亲在4月17日在沈阳陆军总院去世了……

当时我没有哭，我知道，那是每个人的终点站，我也会经历这些，我只愿远在天堂的父亲，下辈子不要再活得这么累，下辈子我还做您儿子孝顺您！

同时也希望大家能早日走出伤心，走出阴霾，就像《监狱风云》里的一句台词："天是棺材盖，地是棺材板，喜怒哀乐时，都在棺材里"！

情感物语

在父亲眼里，儿女能出人头地，是他们最大的欣慰。为了给儿子鼓励，父亲不顾身体、不惜万里赶回来为儿子打气，却因劳累导致病发永远闭上了双眼。临终前看到了儿子的成绩，也算了却了作为父亲的心愿，父亲多年的辛苦抚育和栽培终究没有白费。父亲的生命虽然终止了，但他永远活在儿女心中！

爸爸妈妈不容易

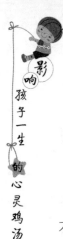

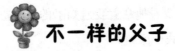

不一样的父子

在吉林省通化县抚民镇，有一户姓刘的人家，可谓无人不知，无人不晓。因为刘家是全镇的首富。

儿子刘松琳在遥远的深圳，他是因为忍受不了父亲的严厉和责骂才远离家乡的。

父亲刘玉议虽然大字不识几个，但凭着吃苦和韧劲，经过20多年的时间，硬是把自己创办的一个小酿酒作坊，发展成了一个规模不小的酒厂，成为了当地首屈一指的老板。

老刘是白手起家，深谙穷人的孩子早当家的道理，所以他深深信奉这样一条原则："多读书不如早做事"，因此，在儿子刘松琳16岁初中还没毕业时，就让他回了自家的酒厂帮忙。

老刘认为："一个人单单有文凭没有水平永远成就不了大事，但如果没有文凭有水平，同样能成大事。"

老刘管教儿子的法宝就是严厉，从来都是说一不二。

但是，儿子却不吃他这一套，总是时不时地挑战一下父亲的权威。1997年夏天，酒厂购进了大量的葡萄生产葡萄酒，为了不让葡萄腐烂，儿子想出了一个跟父亲不一样的办法。

刘松琳的同事告诉他，这种方法不错，至少快一倍。这给了刘松琳很大的信心，为了不当面与父亲冲突，刘松琳与同事达成一致共识："我爸来视察时，就用他的方法。等他走了后，再用我的方法。"

没想到，老刘杀了个回马枪。结果，当着很多工人的面，父亲甩了刘松琳一个响亮的耳光。

刘松琳一气之下离家出走了。

出门的那一刻，刘松琳咬咬牙，发誓道："我一定活个样子给你看，以后再也不让你骂我木头脑袋，我要证明给你看看，我是一个很优秀的人。"

面对儿子的出走，老伴急得吃不下睡不着，可老刘心里却一点都不着急。

父亲有自己的想法："我觉得他走了也好，因为他刚刚接触社会，有些事情、有些东西还不懂，出去锻炼一段时间，回来肯定能分辨什么是对什么是错了。"

虎父无犬子。儿子出走后，再也没跟父亲联系过，而父亲呢，也同样镇定自若，不闻不问。一段时间后，老刘却发现了一个奇怪的现象：家在山东威海的妻弟，过去一直从他的厂里赊酒去卖，销量平平，可最近一段时间却突飞猛进，直线上升。老刘一打听，原来是出走的儿子在帮舅舅卖酒。他觉得很欣慰："儿子有出息！"

在山东威海，刘松琳也是白手起家，舅舅是从他父亲那儿赊酒，他又从舅舅那儿赊酒。就这样，一年多的时间，刘松琳靠卖自家的酒成了一个小老板。

父亲这时候开始惦记儿子了："儿子能把酒卖这么好，就证明在销售上有一套，得赶快招回来。"

但碍于面子，老刘并没有亲自叫儿子回来，而是让舅舅

爸爸妈妈不容易

帮忙动员，但是儿子却不为所动。

见父子俩都较着劲，思儿心切的母亲做起了儿子的工作："其实你老爸很想你，当时他也觉得打你不对，不过他也是恨铁不成钢，望子成龙心切啊！"

这段日子，老刘正忙着投资扩建酒厂，缺少得力帮手，很希望儿子能够回来帮自己一把，于是，只好放下架子，给儿子打去了电话。

父亲的话打动着儿子的心："爸爸的年纪越来越大了，身体不行了，将来这个企业需要你们来打理，爸爸需要你。"

长这么大，刘松琳第一次看到父亲脆弱的一面。刘松琳很是感动，立即回了老家。

适逢家里正在扩建酒厂，起初父子俩配合默契，有条不紊地忙活，但好景不长，父亲一着急，不管人前人后又开始教育刘松琳，他渐渐又受不了，再次萌发了出走的念头。

刘松琳被父亲的责骂深深地刺痛："你说你还有什么本事，不就是能卖点酒吗？"

下午，刘松琳就离开了家。他心中暗暗发誓这辈子都不做酒，一定要创出自己的事业。

老刘仍有自己的心思："出去走走也好，做大事的男人，必须任何场合、任何事情都经过。"

与上一次赌气出走不同，刘松琳这一次显得很有规划，一定要干一番轰轰烈烈的事业。于是20岁的他只身来到了千里之外的深圳，开美发馆、小商店，但他始终觉得这些都不能算是他可以在父亲面前扬眉吐气的事业。

一次偶然的机会，刘松琳去听了一堂培训课，这让他眼前顿时一亮，仿佛看到了一个巨大的商机。刘松琳盘算："听这堂课我交了3000多块钱的学费，现场共有一千多人，这一下子就是三四百万的营业额。"刘松琳灵光一闪，意识到培训行业的巨额利润。

可是先期的资金从哪来？刘松琳在深圳一个亲戚朋友都没有，人生地不熟的想借钱可不那么容易，琢磨了几天，觉得只有一个人可以帮他，那就是他的父亲。但他还真开不了这个口。

刘松琳想起以前父亲说过要给他一百万作本钱，于是来到深圳的刘松琳头一次拿起了电话。

父亲听完直言不讳："你才22岁，一个小孩张嘴就要一百多万，做什么生意要这么多钱？"

听着父亲并不怎么热心，刘松琳左思右想，琢磨着如何才能游说父亲投资。

刘松琳摸清了父亲的脾性："父亲的性格刚强，吃硬不吃软。我就跟父亲说，你要担心就不用投了，很多人抢着要投，谁谁已经准备投多少钱了。"

父亲想了个折中的办法："这样好不好，你用文字形成一个可行性报告，传真给我看看，毕竟你爸在企业做了这么多年，多少有点鉴别能力。"

接到传真后，老刘根本就没看懂，但看着厚厚的文字报告，老刘却拿定了主意，给儿子投资。

看到儿子的成长，父亲打心眼里高兴："说实在的，儿子有胆量，敢于尝试，你老爹早就盼着这一天了。"

爸爸妈妈不容易

有了资金，公司很快成立了。为创新培训模式，刘松琳提出了"培训超市"概念，原来上千元的课程几百块钱就能听到。

2003年8月份，聚成公司的第一堂培训课如期举行，吸引了六七百人，在业界大获成功。靠着跟父亲一样的执着和韧劲，刘松琳将培训市场做得风风火火，每年的营业额达上亿元。

2006年夏天，刘松琳突然回到老家。他在镇上最好的饭店摆了一桌宴席，因为这天是父亲的生日。

"爸，我给您祝个寿！"然后在父亲桌前跪下来，给父亲磕了三个响头。

刘松琳的举动让父亲一辈子难忘，他的眼泪"哗"的一下流了出来！是幸福、感动和成功的泪。

刘松琳现在已经明白父亲的良苦用心："我一直在想假如父亲当时不是这样的一个教育方式，我不可能有后来的经历，也不可能在这个年龄撑起这么大的企业。"

 情感物语

父亲的爱是伟大的，他们为了孩子的事业，很多时候都是沉默的咽下心中的委屈和要求。

爱吹牛的破烂父亲

　　我有一个很要好的朋友叫张坚，他非常憎恨他父亲，因为他父亲有个嗜好是不懂胡乱吹大牛，这曾经让他很糗。

　　事情是从一次语文课上开始的，当老师讲到"黄袍加身"的成语时，先询问班上的学生有谁知道这个典故。张坚从小就听父亲纵谈"历史"，所以那天想露一脸，就站起来，想在同学们面前卖弄一下学问，可是当讲到"程咬金和赵匡胤结为兄弟在瓦岗起义时"，语文老师和周围不少的同学很小声地发出了怪异的笑，等说到"程咬金大老粗当不来皇帝，就把皇袍给了赵匡胤"时，弄得全班同学和老师笑得前仰后合。张坚感到莫名其妙，木呆呆站着和大伙一起傻笑。后来老师问："是你自己乱编的，还是哪个笨蛋教你的？"张坚心中一沉，站在那儿一言不发像个冰雕，他知道老师用"笨蛋"这个词来贬责人，自己肯定讲错了，而且错得很离谱。他羞愧得恨不能找个地缝儿钻进去，愤恨得就想回去啐他父亲一口。

　　那日，是一个月明星稀的夜晚，张坚的父亲老鸭嘴泡了一壶苦丁茶，提了一个小木凳在院坝里坐定，十分响亮地咳嗽了两声，其实老鸭嘴并不咳嗽，只不过是一个"摆龙门阵"的信号罢了。咳嗽声落，不一会儿，院里的小孩儿们就精神抖擞地跑到前头，争个好位儿，听张坚的父亲讲故事。

当张坚的父亲神采飞扬地又讲到"程咬金与赵匡胤结拜兄弟时"，我终于忍不住插了一句："老鸭嘴你说错了，他们不是一个朝代的人。"话刚落，只听"乒"的一响，张坚冲进人堆里，把他父亲的茶杯砸了。这个茶杯是他评厂先进的奖品，视为珍宝，平时连张坚都不许摸一下。

我的一句话，惹下了大祸。那晚张坚的父亲第一次失了眠，抽了一包劣质纸烟，浓黑的头发白了一半；那晚，张坚的母亲第一次狠狠抽了他两耳光，他咬紧牙没流一滴泪。

张坚自那次"摔壶"事件之后，就很受委屈了，可是班主任偏又抓住这事儿不放，第三天，喊他到办公室，当着其他许多老师的面批评说："不懂就不懂，不要装懂，要做个诚实的孩子，程咬金是大唐的开国元勋，而赵匡胤是宋朝的第一个皇帝，二人之间差了好几百年的历史，怎么可能结拜为兄弟？"那次批评使张坚幼小的心灵受到了从未有过的一种耻辱，从此，张坚十分憎恨父亲。

随着年龄的增长，知识的丰富，张坚就越发看不起父亲，潜在的反抗力就越强。他上高中的地方离家只有二十来公里，几乎不回家，在家除了和母亲说一两句话以外，从不搭理父亲。有一次，正在他收拾行李准备回校时，母亲对他说，"三儿（张坚的小名），不要走了，明天是你父亲的生日。"张坚拉长脸说："他的生日与我有什么关系？"母亲发怒地大声骂道："还有良心么？不说生你养你这么大，你如今能安心读书，还不是你父亲辛苦挣来的钱养你，他在车间高炉上没白没黑地干，火里烤、水里浇，如今干出了一身病。为了这个家，为了你上学，连烟都戒了……"说着母亲泪水涟涟。张坚被一股邪气儿堵着，母亲的责骂和泪水没有感动他，他反而高声嚷道："我再不要花他的钱了，让他的钱见鬼去吧！"他拳头一挥，把沮丧而愁苦的母亲呆呆地丢在那里。

第二天，张坚的父亲没过成生日，而是约了厂里的几个老哥们，去了一家小酒馆，吆五喝六灌得酩酊大醉，还提了一把两尺来长，五六千克重的断线钳，踉踉跄跄去上班。值班人员劝阻他回家，张坚的父亲反倒挥了那钳子要打人，后来叫来母亲，才将其连拖带拉架了回去。第二天酒醒后，他惭愧地伤心落泪："唉，自己在厂里干了几十年，苦活累活走到前头，从没怨言，今儿个是咋啦？出了这个洋相，日后，一张老脸在大伙儿面前咋搁得下？"想来想去，一股闷气在心窝里窜，窜来窜去，就蔫蔫的病了一大场。断断续续三个多月，病好后，安全员、班长的名头儿也戴在别人头上了。张坚的父亲是个十分重名气的人，一怒之下，往上递了一张辞职申请。

辞职以后，他背上简单的行囊和一个好友到外面闯世界去了。

张坚的高考考得不很理想，被一所省级师范院校录取了。妈妈很高兴，张坚却铁了心不去读。他的志向是上名牌大学，将来当大企业家，坐"宝马"，挥手之间定乾坤，最不济也要读个中档的理工院校，日后做个工程师或弄个公务员干干也体面些。这时，长时间不和张坚联络的父亲也打电话回家说："如果不念，从此就不认你这个儿子！"张坚听了，冷冷一笑："无所谓，反正他几年没和我见过面了，我

爸爸妈妈不容易

早就忘了有这么个父亲！"

后来，张坚答应去读省师范，但死活不要父亲的钱。

不要父亲的钱，那上学的学费怎么办？上学后的用度怎么办？母亲是没工作的家属，自己的吃喝都要靠父亲的供养，哪里有什么钱给张坚。

母亲苦着脸哀叹了半天，也掏不出几个大毛来。张坚这才知道壮志雄心与现实是两回事。末了母亲忧心忡忡地说："那你就到舅舅家去碰碰运气吧，看能否借到点钱，到学校报到总是要用钱的。"没想到平常吝啬的舅舅，这回异常慷慨，一借就是几千，他说只要把书读好，这几个钱算不了什么。

张坚上大学后不久，他妈妈也去父亲那儿一起打工了。有两年，张坚没和母亲见过面，只是每隔一段时间妈妈就打电话给张坚，说他们都过得很好，父亲苦干了几年，积攒了些钱，如今自己开铺子，做了老板。

父亲做了老板，张坚还是不要他的钱。假期时，他大部分时间在舅舅家，为舅舅的儿子补习初中语文。因为，他的学费主要还是从舅舅那儿借。他有时实在不好开口，舅舅就笑眯眯地对他说："三儿，钱不是给你的，是借给你的，只要你好好读书，将来有了出息，怕你不还么？"张坚对舅舅十分感激。

张坚学的是教育，毕业之后理所当然是当老师。可是他嫌当老师挣钱太少，就打电话向舅舅借钱做生意，电话里舅舅没吭声，好久才说："告诉你父亲吧，他同意了我就借。"张坚知道舅舅不肯借钱了。正在一筹莫展时，正好听说家乡房屋拆迁，有不少的拆迁费，他就悄悄回家领了这笔钱，跟着一个熟人到省城去做生意了。

市场是个海里的波浪，波浪里都是大鱼吃小鱼，小鱼吃虾米的勾当。没半年工夫，张坚的几万拆迁费就被这些鱼们、虾们吃光了，最后他从一个廉价的旅馆里被老板赶了出来。在高楼林立，华灯闪烁的大街上，他如一条丧家之犬，到哪儿去呢？没钱连厕所都进不去。在走投无路之际，手机响了，是母亲的声音，她说想儿子了。张坚的妈妈是个不容易的女人，先前有工作，后来生了张坚，父亲就叫她把工作辞了，专心伺候这个宝贝疙瘩。

无奈的张坚决定去他们开铺子的地方看看。

可是当张坚到达那个陌生的目的地时，才发现：什么商铺啊？原来是个垃圾场！

他老远就看到一个熟悉的身影，一身脏兮兮的母亲，正在一个垃圾堆里扒东西，一会儿一个塑料瓶，一会儿又翻出一个易拉罐。天啊，妈妈说父亲当了老板原来就是干这个。一种从未受过的欺骗与耻辱油然而生，张坚心里狠狠骂道："呸！垃圾虫！"

他正要离开时，母亲发现了张坚，把他喊住，像逮逃犯一样把张坚拉进一间小屋。他走进父母租住的屋子时，惊愕得连抽了几口冷气，这哪里是人住的地方，到处都是脏兮兮的垃圾。屋子里很狭窄，却堆满了各种各样的垃圾品。一进屋子，一股霉味刺鼻而来，父亲正蹲在一堆废品物件里，分类整理这些东西。听见后面有响声，父亲回头一看，先很震惊，然后露出了微笑："来啦，别进来，这里面脏，你等会

爸爸妈妈不容易

儿，我给你泡茶！"

当张坚接过父亲手里冒着热气腾腾的茶水时，凝望了片刻，几年不见父亲，原本白净红润的脸黄了、黑了。瘦弱的脸上爬满了皱纹，这些皱纹写出了承载苦难与衰老的沧桑。那双端茶的手，黑漆而龟裂，有的龟裂口子红红的在淌血。打小就憎恨父亲的张坚，这时也几乎流泪了。

吃饭的时候，舅舅也赶到了，原来今天是父亲的生日。在饭桌上舅舅说："给你爸爸敬个酒吧。这些年你爸爸为了你们几兄妹，真是把老命都拼进去了！"

母亲插话说："你这些年读大学，你的二妹去年又考上大学，这些钱都是你父亲从垃圾里扒出来的。娃，咱们老百姓的日子难啊！"母亲的话好沉，如冰块塞进了张坚的心里。

舅舅敬了父亲一杯酒，然后接着说："三儿，今天你也看到了你父亲是什么样的人。我听说，你父亲在这几年间给你写过好些信，你只回过一封信，都是骂人的话。如果你是我儿子，我早打死你了。你有良心吗？你父亲把挣来的钱悄悄寄给我存下，叫我用另外的方式把钱给你。"舅舅说着竟掉下眼泪，母亲早也泣不成声。

"他舅，你也别多说了，过去的就让它过去，天下没有老子记儿子仇的道理。三儿，举个杯，给爸祝个福，今天我55岁了，刚好可以办正退，退休了，我什么也不干了，也享享儿女们的福。"

"对不起！爸爸！这么多年……"张坚欲言又止。

"你不用说了，过去的就过去了，你也大了，有自己的想法。"父亲拉着张坚的手有些舍不得放开。他第一次感到父亲粗糙的手好温暖。走时，张坚重重地给父亲磕了一个头。

情感物语

　　因为父亲一个不经意的知识性错误，导致儿子近半生对父亲的怨恨，虽是无心之过，却也警示父母们：教育孩子一定记住"知之为知之，不知为不知"这句古话。父亲并没有因为儿子的怨恨而放弃对儿子的爱，而是以更加坚定的心和更加辛劳的手去为儿女们拼搏，"可怜天下父母心"！

父亲的一生

　　"儿子，我就要走了，你不要难过，人总得有这么一天的，我就去找你妈了，这些年来，她一个人在那边也够孤单的了，我就去给她做个伴，你可一定要把我送回老家啊！"父亲躺在床上，一双苍老的眼睛无神地看着儿子，他知道自己的日子尽了，嘴角蠕动着，说话的时候很费力气。

　　父亲在儿子的守护下安然地闭上了眼睛。

　　40年前，儿子出生了。那时候，父亲已经是不惑之年，不惑之年的父亲突然有了儿子，高兴得不知道怎么是好了，从没抱过孩子的他居然也盘腿大坐地在炕上抱起了儿子。儿

爸爸妈妈不容易

子很小，也很瘦，像刚出生的小猫似的，嗷嗷地叫个没完，他是饿的呀。母亲生下儿子便得了偏瘫，瘦得没了人形，抱都不能抱儿子一下，更没有奶水来喂儿子了，她的生命已经走到了尽头，儿子还不会笑，她就扔下儿子走了。

父亲抱着儿子，站在瑟瑟的寒风里，儿子还什么都不懂，小手一个劲儿地抓呀抓呀的，鼻涕流到嘴边，父亲就用袄袖头揩了揩。儿子多可怜啊，小不点的就没了娘。父亲抱着儿子，眼睛盯着那孤零零的坟，坟里埋着的是他儿子的娘啊！

父亲抱着儿子，走东家串西家的求人："他婶子，给孩子吃一口吧，看他小不点儿的就没了娘，多可怜啊！她大妈，求求你，喂孩子一口！"乡下人的规矩多，女人们是不愿意给别人的孩子喂奶的，尤其是瘦小、枯干、体弱多病的孩子，她们怕那孩子活不成，要是孩子死了，喂孩子奶的女人就再也不会有奶来喂自己的孩子了。父亲抱着儿子，说尽了好话，才把吃饱了奶的儿子抱回家。

那天，村里的"大烟袋"来给父亲保媒。

父亲知道了她的来意后一个劲儿地摇头："不行啊，大妹子，孩子这么小，我是不能给他找后妈的。你的好意我领了！我领了！"大烟袋一听封门了，老大的不乐意："我说大哥呀，你看你这孩子，芥菜疙瘩似的，能成什么大气候，再找一方，生个虎头虎脑的儿子，光宗耀祖，多好啊。"父亲一听，气就来了："你怎么就知道我这孩子不能光宗耀祖，什么芥菜疙瘩啊，你家的大萝卜好啊，我看你家的大萝卜能成什么气候！""大烟袋"讨了个没趣，起身走了。

父亲一个人带着儿子，东家讨一口奶西家讨一口奶地过活，讨不到奶的时候，父亲就嚼奶布子。嚼奶布子是一种很古老的喂孩子的方法，就是把煮得八分熟的高粱米饭嚼碎，吐在纱布上，用力挤干，挤出来的水加点儿糖，给婴儿喝。

儿子渐渐地长大了，虽说是三翻六坐慢了半拍，可周岁的时候，儿子还是会走了。看着满地乱跑的儿子，父亲的心里像是喝了蜜似的！

儿子上学了，上了学的儿子背着个大书包。书包是父亲拆了一条旧裤子，求邻家的婆婆给缝的。每当儿子上学的时候，父亲都在身后说："听毛主席的话，好好学习，天天向上。"儿子听得多了，也不知道这话到底是毛主席说的，还是父亲说的。

儿子学习很用功，做作业的时候总是翻来覆去地检查。父亲是一个大字也不认得的，他斜躺在炕沿上，一边抽着旱烟，一边看儿子写作业，儿子老老实实地趴在炕上，眼睛盯着作业本。父亲看儿子认真学习的样子，脑海里浮现出跳出"农"门的儿子，携妻带子，衣锦还乡的样子，笑眯眯的眼睛就成了一条缝。

乡下的冬天很冷，吃了早饭，人们便东家进西家出地串门，好多人家都支上了麻将桌。父亲闲不住了也来凑热闹，儿子正在放寒假呢，有事没事的就来找父亲，找到了父亲也不回家，就跟着看热闹，看着看着，手就痒痒了，于是，几个孩子也凑在一块玩上了，这么一玩儿，就收不住了，书也不爱看了，作业也不爱做了，一天到晚老是往外跑。父亲一看："这哪行？上梁不正下梁歪呀！赶紧金盆洗手，耍钱不是正经事，耽误了儿子的前程，九泉之下如何见他的娘

97

爸爸妈妈不容易

啊！"可是儿子却刹不住闸了，父亲一不留神，儿子就跑出去了。父亲实在没法了，就动了武，拽着儿子耳朵回了家，还打了儿子一个嘴巴。儿子捂着挨打的脸，呜呜地哭个没完，父亲又心疼了，心里不断地检讨："儿子还是孩子嘛，谁家的孩子不想玩啊，老是学习还不累坏了！"这么一想，就又后悔了，后悔打儿子时，手下重了，于是就变着法儿地哄儿子高兴，为了转移儿子的注意力，父亲给儿子做了个"冰车"，带儿子去滑冰，儿子喜欢和邻家的孩子在一起玩，父亲给邻家的孩子也做一个。儿子终于笑了。

乡下人挣钱不容易，一个壮劳力，辛辛苦苦地干了一年，也就二百多块钱。为了供儿子读书，父亲的心眼活了。他偷偷地跑到集市上，做起了小买卖。说是买卖，也挣不了几个钱，只不过是活泛了一点儿。每次赶集回来，父亲都会带回点儿饼干、水果什么的，让儿子解馋。儿子渐渐地大了，受了教育，也懂事多了，看着父亲又当爹又当妈的这么辛苦，也很心疼。晚上，爷俩挤在一个被窝里，儿子搂着父亲的脖子说："爸，你放心吧，我一定好好念书，等我出息了，我就什么也不让你干了，我要让你吃最好的，穿最好的。"

儿子的书就这么一路地读了下去，小学、中学、大学，儿子成了他们屯里唯一的大学本科生。儿子出息了，屯里的人们不再说他是芥菜疙瘩了，看见了父亲也很恭敬。父亲的弟弟来了，他跟哥哥商量着："哥，你看大侄子出息了，也不能回来种地了，你二侄子结婚还没房子呢，你的房子卖给我吧。你将来不得进城吗？房子早晚也得卖，等你想卖的时候也就没人买了，你就成全一下弟弟吧。"父亲老实巴交了一辈子，听了弟弟说得也有道理，就把房子卖给了弟弟。说是卖，父亲并没有得到现钱，侄子结婚等着用钱，弟弟没有钱给他，说是先欠着。父亲的房子就这样地没了。父亲搬到已经出嫁的大女儿家凑合着过，儿子放假回来的时候，连家都没了，也就跟着父亲去了姐姐家。

儿子终于毕业了，还把媳妇带了回来。

父亲很高兴，高兴的是儿子没花一分钱就领回来个漂亮的媳妇。乡下人娶媳妇哪有不花钱的啊！父亲走东家串西家地聊着儿子和媳妇，走路的时候，腰杆挺得直直的。屯里的人都羡慕父亲有福气，再也没有人说什么芥菜疙瘩之类的话了。

儿子结婚了，结了婚的儿子体会到了妻子的缠绵和温柔，爱情的美妙让他神采飞扬。他穿着妻子从商店里买回来的棉线的衬衣衬裤，舒服得好似躺在海边的沙滩上享受阳光的抚摸。他长这么大，还没有穿过从商店买来的衬衣衬裤，他的衬衣衬裤都是姐姐用缝纫机缝的。享受到家庭快乐的儿子想到了父亲，这么多年来，父亲为了他一直没有再娶，孤零零的父亲总是风尘仆仆地走在来往集市的路上，赚个块八毛的都高兴得眉飞色舞。父亲，伟大的父亲！儿子剥夺了你一生的快乐和幸福啊。

儿子把父亲接到了城里，进了城的父亲很不习惯，他不愿意爬楼梯，不愿意在房间里上厕所，更不愿意吃商店里买回来的大酱，他总是想找人说话。大街上的行人川流不息，楼下的凉亭里也有下棋、聊天、打牌的老人，可没有一个可

爸爸妈妈不容易

以和他说话的人，父亲很孤独。孤独的父亲有事没事地就上了市场，他在乡下就习惯了小商小贩的叫卖声，他觉得那叫卖声就像是儿子录音机里的流行歌曲一样好听。到了市场，父亲就乐了。他想不到市场里这么热闹，比起乡下的集市来，简直是一个天上一个地下。父亲又找到了用武之地。早上，他早早就起来了，饭也不吃，就上市场了；中午，也不回来吃饭；晚上，回来的时候是左一个塑料袋右一个塑料袋地拎着，新鲜的蔬菜堆满了厨房，儿媳妇再也不用上市场买菜了。一家人团坐在一起吃饭的时候，父亲笑呵呵地说，这城里人的钱真是好赚啊！儿子本想叫父亲来城里享福，没想到父亲却乐此不疲地在市场上转悠起来了，还节省了家里的一大笔开支。

有时候，父亲也回乡下去。回到乡下的父亲就说城里的旧物市场怎么怎么地好，乡亲们听了眼馋，就托父亲给买东西。父亲也不嫌费事，买好了东西就高高兴兴地给乡亲们送回去。儿子觉得父亲坐着火车来回跑太不值得，就说："爸，你别老是来回跑了，这么大的岁数了，我们不放心啊。"父亲的眼睛就瞪了起来："小子，忘本了？"

儿子打开房门的时候，第一眼便看见父亲的床是空的，心便咯噔一下子，视线迅速地一扫："啊！"父亲正趴在沙发的旁边。儿子的头刹那间像钻进了几十只蜜蜂似的嗡嗡起来："爸！爸！"他惊呼着，奔了过去。

"哼——哼——"，老人呻吟的声音很是微弱，脖子僵硬地向儿子扭过来，半边脸通红，有一只白眼球充满了血丝。"呜——呜——"，老人的嘴唇哆嗦着，半天也说不出一个字来。儿子想把老人扶到沙发上去，却怎么也拉不起来，只见父亲的腿蜷曲着，一点也不听使唤，儿子只好抱住父亲的腰，费了九牛二虎之力才把父亲拖到床上。

这时候，儿媳妇回来了。儿媳妇把早晨的剩饭放到微波炉里，做了个最简单的菜：韭菜炒鸡蛋，又给父亲煮了一杯牛奶。

父亲的故乡情结太重，躺在床上不能动的父亲还总是惦记着回老家看看，火车是坐不了了，儿子就雇了台车，把父亲背到车的后座上，一直把父亲抱到老家。

儿子背着父亲，到母亲的坟头上烧了点纸，又把父亲带回了城里。

没多久，父亲就去了。儿子号啕大哭，想着父亲辛苦劳作的一生，想着相依为命40多年的父亲就这么去了，儿子的眼泪哗地一下成了倾盆大雨。

101

按照父亲的心愿，儿子把父亲的骨灰送回了老家。

父亲回去的时候，坐在儿子朋友的豪华轿车里，很是威风。

情感物语

　　这则故事述说了一位父亲平凡而伟大的一生。儿子刚刚出生就失去了母亲，父亲东家走西家串地为儿子乞求奶水，艰难地把儿子一直抚养到成家立室。这期间，他拒绝了保媒，如同儿子所言，是儿子剥夺了父亲一生的幸福。儿子是非常争气和孝顺的，父亲的晚年是幸福的，他安详地去了！

爸爸妈妈不容易

父与子的故事

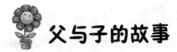

　　杨大庆被媒体誉为"成都'韩寒'"，不管这称谓是否贴切，当事人认不认同，至少表明了社会对杨大庆少年写书的才华给予了充分肯定。杨大庆从一个不爱上学的孩子变成一个写30万大书的孩子，父亲杨云的教育功不可没。

　　读小学三年级时，杨大庆突然迷上了电子游戏，一天到晚想往游戏室里钻，学习上马马虎虎，应付了事。杨云看得心头冒火，利用暑假把儿子的铺盖抱到千里之外的西藏，要儿子吃住在自己承包的工地上，白天就和民工叔叔们一起干活儿，夜晚就睡在工棚的大铺中，还煞有介事地给他计工算酬劳，让他体会生活的艰辛。又带他到贫困山区与穷孩子们亲密接触，看到山区孩子生活条件无比艰苦却坚持刻苦学习，小小的杨大庆，内心产生了触动和震动，从此，再不钻游戏厅了，学习成绩节节攀升，上了高中，还担任了学校学生会主席。

　　小学六年级时，杨大庆为自己的一时贪念吃了苦头。尽管家境不错，但杨云从不在"钱"上放纵孩子，每月的生活零用钱就10块，可以自己支配。杨大庆从小养成了不乱花钱的好习惯，连买杯矿泉水都要考虑半天。杨大庆一次将别人转交给父亲的20元钱"贪污"了，父亲知道了好一顿狠揍，打得大庆皮开肉裂还嫌不够，并让他一直跪到了天亮。父亲想：这种做法可能有点走极端，但可以给他一个终生铭记的教训，那就是不属于自己的东西永远不要妄图占有。

父亲给儿子的生日礼物非常特别。他给儿子祝贺生日非常郑重其事，不同于别的家长热热闹闹地开一场生日Party，他的方式是写一封信、一首诗或一句格言。杨云自己的文化水平虽然不高，却酷爱读书，在繁忙的工作之余总是书不离手，这在无形中影响了大庆，读着父亲饱蘸着爱心抒写的心声，大庆一年比一年有更深的领悟：这是他成长路上最好的礼物。父亲在他心目中，永远是一座高山，一座灯塔，指引着他前进的方向。

 情感物语

"养不教，父之过"，如果有孩子却不教育，这是父母不负责任的表现。作为负责任的家长都知道疼爱孩子就要正确地教导孩子，而教育，必须讲究方式方法。杨云的做法可以给诸位家长不少启示。如何引导这些"90后"孩子们走向正确的人生道路，是当下父母十分关注的问题。孩子的思想、行为等都没有最终定型，可塑性很强，家长对孩子身上表现出来的一些不良习惯、消极因素，必须及时加以矫正，使孩子逐渐形成良好的个性和品德。要通过生活中的点点滴滴润物无声，要求孩子先成人再成才，在人生的每个岔路口，及时给孩子提醒和提携，使之少绕弯路。到了少年期，孩子有了较强的"成人感"，不愿处处受家长干预，家长要逐步放手让他们去独立思考、独立解决问题。

爸爸妈妈不容易

我老爸做韭菜饼

从小到大，父亲是我最敬重的人，他的教育与引导，一直指引我在人生的道路上不断进步。有一次，我做错了一件事情，感觉很对不起他。这么多年过去了，它时常在我的脑海中浮现，成为萦绕我心头的一个结。

18岁那一年，我离开家乡，踏上北上的列车，去北京读大学。

那时候正值9月下旬，北方的天气已经有些凉了，而且火车出发的时间是早上7点多钟，凌晨6点钟就要往车站赶，我不想让父亲送我，可他比我提前一小时就起床了，为我收拾好所有行李，要送我去火车站。我说："爸，你不用去了，我都这么大了，没事的。"可是他仍然坚持要送我，我只好答应了。到了火车站，天刚刚亮，空气中还弥漫着浓浓的雾气，候车室的广播已经响起，我要乘坐的列车已经到了检票时间。我便拎着两个包，给父亲挥挥手再见："爸爸，你回去吧。"父亲叮嘱了我几句，看着我向检票口走去，忽然，他叫住了我，让我一定等他一会儿。这时候，我看见他迅速地穿过人群，跑到几百米以外的一个早餐摊位上。5分钟左右，他跑了过来，手里拿着两个冒着热气的韭菜饼。他把两个饼递给我，气喘吁吁地说："知道你不爱吃肉，这是素馅的，你带在路上吃吧。"因为当时我的手里拿的东西特别多，也没有食欲，便对他说："爸，你拿回去自己吃吧，我实在拿不了。"爸爸坚持要把饼塞给我，可我仍然没有要，爸爸只好拿着，看着我一直检完票，走上了月台。

踏上了月台，火车来了，我看见父亲还在远处等着我上火车，右手拿着给我买的两个饼。我忽然想起了高中时候学的一篇课文《背影》，眼泪一下子涌出了眼眶，我觉得自己很对不起父亲，刚才应该将两个饼带上，但是，当时已经不能回去了。后来，我也没有太在意，只是从妈妈那里得知，爸爸回家以后，拿着两个韭菜饼，眼里噙着眼泪。我听了以后，眼眶又一次湿润了，我觉得，当初自己拒绝的不只是两张饼，而是父亲对儿子无微不至的关爱。

岁月如流水一般悄悄地流淌，一晃四年的大学时光过去了。从北京毕业以后，我来到了海南，投入到紧张的工作当中。这件事已经远去，可能父亲也已经把它忘却，但是它却时常被我想起，而每次想起，我的心里都感到追悔莫及。多年来，我也一直想找机会给父亲道歉，可是不知道为什么，每次话到嘴边又止住。

今天是父亲的生日，远方的儿子无法回家为他祝福，我想对他说一声："对不起，爸爸。希望您能够原谅我，原谅儿子当初的无知，衷心地祝福您：生日快乐！一切都好！"

爸爸妈妈不容易

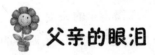

情感物语

　　很普通的一个故事，在生活中也很普遍，我记得我经常在出门时拒绝妈妈给我准备的东西，尤其是吃的，那时我总觉得她很繁琐，甚至有时觉得那是没事瞎操心，现在想想，自己真的太愚昧、太无知也太残忍了，那是母亲一颗火热的心哪，我居然毫不在意、不以为然地就拒绝了。各位朋友，如果你们也有类似的经历，让我们共同对父母说声：对不起！

父亲的眼泪

　　沃尔特7岁的儿子染上了偷东西的恶习，他用尽一切法子都无法让儿子悔改。在一次争执中，绝望的沃尔特给了儿子一记响亮的耳光。儿子捂住脸愣在那里，在这之前父亲从未动过他一个手指头。随后，沃尔特不安地回到房间，脸上满是泪痕，是心痛，是悔恨还是其他什么，自己也说不清楚。但是令人惊奇的是，儿子从此再也没偷过东西，父子俩也和好如初，一家人又恢复了往昔的欢乐。

　　多年以后，儿子和母亲回忆起这件意义非凡的往事。儿子问："妈妈，你知道为什么从那以后，我就不再偷东西了吗？""当然"，母亲微笑着说，"因为你爸爸打了你。"

　　"不！"儿子回答，"是因为爸爸哭了。"

当父亲发现自己的孩子有某种恶习时，会"恨铁不成钢"，会想尽一切办法去阻止和教导孩子，让他尽快走回正途。当亲人落下一滴真切的泪水时，那滴泪能够让人感动得弃恶从善、积极进取抑或起死回生。这不是天方夜谭，的确，亲人的眼泪具有神奇的力量，能够感化罪恶，洗涤心灵。

父亲送我上大学

那一天，是父亲第一次穿皮鞋，并且在粗糙的脚上套了一双劣质丝光袜子。

那一天，父亲还特意刮了胡子，使他看起来不再过分苍老。

那一天，父亲送我出门上大学。

吃完早饭，我和爸出发了。父亲的腰板挺得直直的，碰到早起拾粪的老头儿，父亲就抢先神采奕奕地打招呼："起这么早啊！送孩儿上学去呢！"父亲的语气里充满了骄傲和自豪。

坐火车的人特别多。我们是没有买到坐票。父亲手里捏着两张没座的车票，说："好在时间也不长，挺一挺就过去了；你整天上学的，身子弱，怕经受不住吧，有下车空下来

的座儿，我给你寻一个。"

火车进站了，父亲扛着包奋力往车门里挤，瞅空还伸出一只手来把我往里拉扯。我们被人流推着往前走，到了一排座椅旁，看中间有个座位没人，父亲赶紧把包放在地上，用手抓牢椅背，喊住我。座位那一端的乘客正将脚舒适地放在那个空座位上，见我们突然停在前面不走了，就马上警觉起来，不耐烦地冲我们嚷道："走啊！站在这里干吗，挤得都透不过气了，前面有空座位呢！"父亲小心地赔着笑："对不住，对不住，小孩儿身子弱，都快挤不动了。这个位置有人么？"那人更不耐烦了："有！上厕所了，哼！"说着，生硬地转过头，留给我们一个后脑勺。父亲尴尬地笑了笑，不知道说什么好，两只大手不知所措地搓着。我看不下去了，说："站着吧，爸，没事的！"父亲看了看我满脸的汗水，没应声。重新转过头，父亲说："您行个方便吧！我这是个学生娃，头回出门，上大学哩！念了十几年的书，身子骨都熬坏了，大人没事，我怕他遭不了这个罪，您就行个方便给他坐一会儿吧！您的人来了孩儿就起来。"那人终于回头看了看我，极不情愿地把脚挪开了。父亲赶紧不住歇儿地说："谢谢，谢谢！我不会抽烟，要不非得敬您一支哩！"

那个座位后来再没有来过人。我靠在椅背上迷迷糊糊睡了一夜。几次停靠站时醒来，睁开模糊的眼，见父亲瘦高的身影依然直直地站着。我让了他好几次，每次都给他一句"站惯了"顶回去。父亲便这么站了大半夜，后来人少了，他才能在包上坐一坐。下了火车，我对父亲说："您一眼也都没眨啊？"父亲说"没啥，一夜工夫很快就熬过来了。再说，贴身揣着几千块学费，心里也放不下啊！"

终于到我的大学了。这是我和父亲第一次见到大学啥样，宏伟堂皇的大门，门口还直挺挺地站着俩保安。我今后就要在这儿学习了！父亲把包拽了拽，挺起胸往里走，兴奋地对我说："还有警察给你把门哩！"

我的一切都安置下了，父亲还没地方住呐，我和他便一起找到学校的招待所去。一问才知道：20元一个铺位！我和父亲都吓了一跳，父亲说："就这一晚？"他犹豫了一会儿，说："住下就住下吧，不过也不急这一会儿。现在我们出去走走，看你还缺啥，置办了；晚上我再回来交钱，反正床铺是有的。"我知道他心下一时舍不得掏20块钱出来，只好不勉强他，心想让他缓一缓也好。

父亲在寝室里跟我一块儿待到很晚。他隔三差五地重 复一句："你妈给你拾掇的衣裳都带了吧？"我说："都带了。"父亲舒一口气："带了就好，带了就好！你妈就怕你伤着身子骨，自个儿防着点，别让你妈操心！"

夜深了。我说："爸我送您去招待所吧，昨晚没合一眼，早点儿躺躺吧！"父亲挺起瘦高的身躯，说："那好，我去了，你也抓紧睡下。不要送！"我执意和他一起去。父亲说："别恁执拗，我又不是不识得路。睡下吧，我走了。"蹬蹬蹬，他瘦高的身影已迅速在楼梯下消失。

第二天，我起了个大早，去招待所找父亲。他肯定不舍得在这儿长住，说不准今天就走了。我走在路上，想起家，有些伤感。就在这时，我看到了父亲，他躺在路边的一个石椅上，枕着提包，瘦高的身躯困难地蜷在一起，一条胳膊在

爸爸妈妈不容易

椅子外面耷拉着：他好像正睡得沉沉的。"爸咋会躺在这儿？没去招待所？"我脑里一片空白，猛地冲上去叫道："爸！爸！爸！……"父亲睁开眼，噌地坐起来，看清是我，尴尬地一笑，慌乱说："你咋起这么早？"这会儿，父亲刻满倦容的脸十分清晰地放大在我眼前，脸上那松弛的皮肤，鬓边那一片灰白的头发茬：父亲老了！父亲竟然睡在外面。

我的心好像针刺一般，痛，都麻木了。他解释说："这招待所怎么回事，回去时关门了，叫也叫不开……"我说："您别说了爸，别说了，我知道！"父亲搓着手，不再吭声了。沉默了好一会儿，他才重又低沉地说："也不是舍不得那几个钱，主要是不划算。大热天的，外面打个盹儿算啥？搁家的时候，不还寻着往外乘凉么？钱该花时候就花，你在外面哩！别让你妈操心！"

当天下午，父亲乘火车走了。还是没买座位票。

情感物语

读完故事，一个朴实得有点土气的老农民形象在眼前闪烁着光辉。父亲的美就在于他的这份憨憨的朴实，他对那人客气得几乎有点卑微乞求的话语里饱含了多少爱；他那一句句重复了又重复的"别让你妈操心，在外自己多注意"的嘱托里又寄托着多少情；他的一夜露宿不仅仅是为了节省那小小的20块钱，而是勤俭节约优良美德的集中体现！

养育之恩

　　父母对子女的爱是世界上最无私、最纯粹、最深厚的爱，父母的爱像一条长路，始终伴随着子女的一生，在这条路上，不论子女有什么事情，都会及时得到父母的帮助。

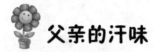

父亲的汗味

写下这个题目的时候，我似乎又闻见了父亲身上散发的那种熟悉的特有的汗味，在周遭的空气中若有若无地飘散开去。

父亲已经老了，步履明显蹒跚，身手不再有从前那样矫健。曾几何时，父亲连走路都风风火火，他做事雷厉风行，绝不拖泥带水。每次干活，早上出门一身干爽，中午回来就如是从水里捞出来模样，一拧水直滴。

那时家里光景穷壁，一家六口半人，除了我们兄弟四人要读书，奶奶归我家负担半年，全靠父亲一人忙里忙外。父亲总是乐呵呵的样子，他做事回来每次总能如魔术师变戏法似的，不停地从这个口袋或那个口袋中掏出一些令人嘴馋的东西，比如山楂、梅子等，满足我们兄弟几人的饥饿感。

其实我们不知道他是如何利用大家休息的间隙满山头满山头的寻觅。享受着带着父亲汗味的山楂、梅子，似乎也忽略了那时生活的艰辛和无奈，记忆中这些欢愉的时光总是与父亲的汗味紧紧连在一起，任凭岁月的流逝，历久弥心。

父亲上县城的日子就是我们家的节日。那时交通落后，运输全凭肩扛手提。大清早父亲挑一担柴碳或驮一棵树到离家有三十里的县城去卖。我们从中午就盼着太阳早点下山，将尽黄昏时我们兄弟几人早早站在村口等待着，也许父亲明白我们的那份强烈的期待吧，远远地，父亲总是第一个出现在我们的视野里，就在那一刹那，整个黄昏顿时分外明亮起来。我们争先恐后地涌上去，七手八脚地帮助接过父亲肩上的扁担或包裹。

晚风习习，父亲身上的汗味，夹杂着城里商品或食物味，以及烟味、汗水味、仆仆风尘味混在一块，揉着挤着扑向我们的鼻子，呵，这是什么味儿也无法比拟的，在那各种物资匮乏的日子里，它承载着我们太多的企盼，便浸润在这幸福的汗味里。

正值我准备高考的前夕，父亲出了车祸。他是在进县城给我送米搭顺路的车子回家时，车子转弯速度过快翻了，造成脾破裂，大量出血，父亲曾笑言，不是抢救及时他坟头早长树了。我埋怨自己，不是催促父亲早一天给我送米，他也不会遭此厄运。我心神不宁，无法静心。

113

在医院看望父亲时，我自责的眼神泄露了我的心思。父亲拍拍我的手背说，我没事儿，你好好考试，那天我会去接你的。

七月流火，在我考完第一场科目语文后，天突然下起大雨。我快步跑出考点，一眼就看见了撑着伞朝着大门张望的父亲。我又闻到了父亲身上的汗味，那是雨水、药水和汗味混合一起的，淡淡的，就像父亲此时无声的举止，一份默默无语的关怀静静流淌在父亲的汗味中。往回走的路上，我紧紧地抓着父亲的手臂，那年我考上了位于长江边上的一所师院。

我们闻着父亲的汗味长大，它裹着浓浓的父爱，隽永味

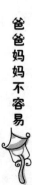

长。父亲的汗味如舟，泅渡着我们驶向幸福的彼岸。

情感物语

父亲的味道不仅仅是味道，而且是始终如一的情感付出。

布机上的母亲

我儿时的梦，大多是与布谷鸟在一起；而且它总是不停地叫呀，叫呀的。

布谷鸟为啥总是飞进我的梦里呢？唉！我真想让我那小黄狗跑到我的梦里——那才好玩呢！我可以领着它到地里逮野兔子，抓禾鼠；还可以与佳佳家里的那黑狗咬架——我那小黄可厉害了，每次咬架都准赢。

终于有一天我明白了——那是尿将我憋醒后，听到母亲的织布机在叫，那叫声与布谷鸟的叫声一模一样。

难道母亲天天晚上在织布吗？

那年夏天的夜出奇地热，我家院子里的槐树上的蚂蚱，有气无力地叫了几声就停下了；祖母和我在院子里铺了蓆子，四周用锄头、锨什么的撑起来（怕蝎子），然后躺在中间。祖母一边摇着扇子一边嘴里轻轻地喊着："风婆婆吃葱来，给我一口凉风来；风婆婆吃蒜来，给我一口凉面来。"

我脱得精光，在祖母的扇子下迷迷糊糊地睡着了。布谷鸟又飞到了我的跟前，站在树枝上叫呀叫的，不停地叫。当我热醒来后，我看到母亲还在织布呢。她难道不热吗？

我爬起来，赤着脚，悄悄地走到母亲的身后，站着。我看见母亲身上的小白衫已全湿透了，紧紧地贴在背上；头上顶着一条蘸过冷水的土布毛巾，在豆油灯的微光下，奋力地织着。那瘦小微驼的身子，不停地一屈一伸，两臂不停地一左一右，两腿不停地一蹬一放……

我想母亲该歇歇了，她怎么不歇呢？我站在那儿"哇"的一声哭了。

哭声把母亲吓了一跳，她急忙回过头来，看见是我，下了布机，弯下腰问我："咋不睡觉呢？"然后伸手摸了摸我的头，看我是否病了。

我抽泣着说："妈妈，天太热了，你歇歇吧！"

"妈不累。"她说着把我抱在怀里，眼里含着晶莹的泪水。"妈把这匹布织完就歇了。你爸看病就等着这匹布的钱呢！"说完了，"咳咳咳"地咳嗽了好一阵。

妈妈在瓮里舀了瓢凉水，一口气喝了；又在冷水盆里洗了脸，然后掀起衣服擦了擦身子，又坐在布机上了。

我的梦里又飞来了布谷鸟；布谷鸟的叫声，又把我带到母亲的织布机上。我起身爬在窗玻璃上，望见没有生火的外间的布机上的母亲，头上裹着厚厚的头巾，随着机声，身子又在一屈一伸着。隔一会儿，她把两只手放在嘴上哈哈气；隔一会儿，两只手用力地搓搓；隔一会儿，她抓起机盘上放的胡萝卜咬上一口；隔一会儿，她"咳咳咳"地咳嗽一阵。

炕上的父亲又在难受地哼哼了。

爸爸妈妈不容易

妈妈侧耳听听，一屈一伸的动作加快了。

我迷迷糊糊地睡了，布谷鸟的叫声更加稠密起来……

 情感物语

　　母亲对儿女的爱始终不曾改变，不论春夏秋冬都在默默地付出着，不求任何回报。

父爱，不言不语

　　父母常说，等你为人父母之后，才能体悟我们对你的感情。感同身受的间接体验是与亲身经历不能相提并论的，我对此亦深信不疑。

　　记得多年前的一天，我在房间里玩电脑。父亲端着一碗鱼进来让我吃。碗里是一整条不大不小的鱼。看着一条完整的鱼，我问他，你怎么不吃。父亲怎么回答的，已记不清了，只记得我吃得差不多的时候，有事出去，又因忘了东西返身折回。回到房间，只见他拿着碗筷，在吃我剩下的鱼架，上面零星地挂着点肉。

　　父母的节衣缩食，只是为了孩子餐桌上的琳琅满目，甚至在你大快朵颐之后，去接续你的残羹冷炙。

　　初上大学时，父亲陪我回学校。我们不熟悉路线又要转车。我固执地等待那辆我知道的公交车，不肯问司机。为了节省时间，每过一辆车，他都跑上跑下询问司机。有次他下得匆忙，皮包被车门卡住，人随车跑，所幸司机发现的及时，才安然无恙。那一幕，至今想起，仍令我记忆犹新。

我上学那几年，他曾多次去看我。后来听母亲说才知道，向来怕辣的他，不服当地水土，自己在异地他乡打点滴，而身在武汉的我却浑然不知。

一叶落而知天下秋。这些生活中的细微之处，本无碍生命的节奏，却折射出父爱默默无闻的辛劳与付出。而这些仅是我们习以为常的细节，未闻未见的背后，又有多少羞于示人的血泪与挥洒如雨的汗水不为人知。

情感物语

父亲就像一部小说，它不旁征博引，引经据典地去证明什么，而是向你默默地展现着，娓娓道来一个或许不精彩却朴实无华的故事，所有的爱，所有的情感都蕴涵其中，任你品味。

117

🌻 父背上的爱

曾经好多次被母爱感动，曾经无数次讴歌母亲，可今天当我无意中在一张旧报纸上看到那张照片的时候，心却被照片上的父亲深深震撼了，这张看似平常的照片上有一个普普通通的父亲，他的背上背着自己的女儿，可是照片旁边却有一个耀眼的题目直射眼帘："10年，他背着女儿上学"。

十年，多么艰辛而又漫长的时间，它足以是一个牙牙学语的婴儿长成一个翩翩少年；足以是一个少年走向辉煌的成年；足以是一个平凡的生命成就一番大事业。然而，这位父亲却用十年背女儿上学，从女儿一年级开始，直到现在女儿已经上了高二，把一个七岁的小女孩，背成了一个十七岁的大姑娘。

女儿是不幸的，三岁时患上了小儿麻痹，尽管四处求医，但还是落下了残疾，然而，女儿却是最幸福的，因为父亲没有退却，没有失望，他用脊背勇敢的当起了女儿的拐杖，而且一当就是十年。

十年，三千六百多个日子，女儿换了三个学校，父亲搬了三次家，不管路有多难走，日子有多艰辛，父亲都没有迟到过一次，晴朗的日子，他迎着阳光背着女儿，风雨交加的时候，他顶着风雨背着女儿艰难的爬坡，女儿七岁，他背着女儿，十七岁，他依然把女儿从楼下背到楼上，十年，父亲笔直的脊背变成了一个弯曲的摇篮，可是，平凡的父亲仍然说："她上到哪儿，我就背到哪儿"。

多么朴实，却又多么让人感动的一句话！

我也曾在一本书上看过一个父亲，他很富有，但面对残疾的女儿，他却选择了出钱悬赏，谁来背他女儿上学，谁就可以得到一笔很高的赏金。一个家境贫寒的男孩勇敢地走了出来，他顶着同学们的嘲笑和讽刺毅然背了女孩三年，直到女孩考上大学，他却依然把女孩父亲的钱退给了女孩，走上了打工路，岁月悠悠，女孩无论走到哪里，她永远无法忘记男孩背上的温暖……

我想照片的女孩，她无论长多大，走多远，铭刻在她心里的永远是父亲的背，因为是他像一头不知疲倦的骆驼，驮着她一步步走向理想的彼岸。

照片上的父亲是普通的，普通的走在人群里没人能认出他，然而他却用自己的背成就了一个不平凡的伟业。

照片上的父亲是贫穷的，贫穷的家里唯一的电器竟然是女儿学习的一盏节能灯；然而他却是世界上最富有的父亲，因为他的爱写在背上！

照片上的父亲是默默无闻的，然而，他却用最平凡，最朴实的爱，给自己的女儿打造了一个完美的世界！

寒风中，我仿佛又看见那位父亲依然吃力的背着女儿，走在上学的路上，走在灿烂的阳光下，走在皑皑的暮色里，走在一条永无止境的宽广的爱的路上……

119

情感物语

父爱如山，父亲的爱，蕴藏在生活中的点点滴滴，蕴藏在父亲那颗不善表达的内心深处，蕴藏在父亲无私的精神之中。父亲为了儿女，在默默无闻地心甘情愿付出着，这种爱，无声、朴实、平凡、伟大。

父 爱

小的时候，父亲对我来说，是一个慎言谨笑的人，对于生活的态度总是一丝不苟。

印象中，父亲总是在不停地忙碌着，工作是他生活中的最大热忱。那个时候，我很怕我的父亲，总觉得他过于严肃，对我们又太苛于严厉。这一切，让我自小就认为父亲不"爱"我们，甚至感觉他从来就不会去爱一个人。后来一场可怕的经历，才让我懂得父亲对我们那份刻骨铭心的爱。

那是我十岁的一个夏季，父亲带我们回到阔别已久的老家。收获的季节，农村处处充满了忙碌的景象。过惯城市生活的我，对农村的一切都充满了新奇，很快就有了十几个同样大的玩伴。我们脱离了大人的视线，在麦场躲起了迷藏。五六个小伙伴和我一同躲进了麦场旁边的库房里，那个屋子黑黑的，很大，很大。我藏进屋子高高的麦秸垛里，从麦秸的缝隙中，看着小伙伴四处寻觅着我们。天渐渐暗了下来，小伙伴们呼喊着我们的名字，走进了这间屋。有一个小伙伴划亮了火柴，突来的亮光，惊飞了屋里的山雀，扑棱棱的四处飞蹿，吓的小伙伴不由得轰然而散，火也掉落在地上，呼的一下引燃了门口的麦秸。大火飞快的燃了起来，屋里的我和几位小朋友惊吓的哇哇哭喊着，被困在熊熊的大火之中。

正在这时，寻我而来的父亲跑了过来，他飞身顶破窗户，跃进了屋。一个、两个……小伙伴被父亲一个一个从窗户送了出去，无情的大火迅速的燃了过来，挡住了原来的窗户，屋里还剩下我和两个小伙伴。我惊恐地望着父亲，不断燃烧过来的大火已封住了前面所有的门、窗，唯一的出口只剩下屋子后墙高高的透气窗口。父亲似乎犹豫了一下，他看了我一眼，又看了看其他人，伏下身子，用结实的双臂一把抱住我，然后，站起身，拍了一下我的头，嘶哑的喊了一声："孩子，等着我！"说完，父亲扭过身子，抱起那两个小伙伴，毫不犹豫地向窗子攀去。就在父亲扭转身子的时候，在我惊吓的眸子里，我看到了父亲脸上，两行眼泪悄然的淌了出来。

那一刻，我才知道，父亲是多么的爱我们，多么的疼我们，只是这种父爱，深深地藏在父亲心里……

后来，乡亲们救了我。但父亲在危难之时看我的那种眼神，那流淌的眼泪，陪伴我一天一天长大。让我真正懂得了父爱如山，父亲的爱，蕴藏在生活中的点点滴滴，蕴藏在父亲那颗不善表达的内心深处，蕴藏在父亲无私的精神之中。正是父亲的这种爱，让我懂得了生活的真正含义，也让我明白了爱的表达来自于心灵的深处，来自于生活的所有细节……

情感物语

父爱如山，父亲的爱，蕴藏在生活中的点点滴滴，蕴藏在父亲那颗不善表达的内心深处，蕴藏在父亲无私的精神之中。

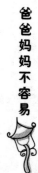

爸爸妈妈不容易

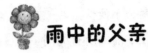

雨中的父亲

麻绳一般的水柱从天空中坠落，连接不断，砸在坑坑洼洼的水泥路上，聚起一个个水洼。雨水之大，让人睁不开眼睛，在霓虹灯的影射下更显昏黄。阴暗狭窄的街道内堆满了煤球，黑炭水张牙舞爪地爬上了污水面，由细到粗在乱雨中向更黑暗中延伸出去，一个蹒跚身影在扒拉着下水道上的污物，雨水从天空倾泻，顺着雨罩哗啦哗啦倒在他身上……

大大，你在干嘛？不知道家里人都为你着急！隐隐感觉是前缘翻江倒海压抑许久的怨气好像在训斥一个小孩。不知为嘛，显然看到父亲在雨衣下哆嗦一下，惊诧地回过头。

"孩子这么大的雨，你来干啥？快进店，感冒了咋办！"父亲在雨水中涮了把手拉着我就进店，我低头看了看父亲黑色的裤子贴在身上我哽咽了，怕父亲看到我泪闪闪的眼睛……俺都40多了大大！倒是你小孩似得不让人省心。嘿嘿，父亲坎坷的脸上流露出幸福的微笑。给你擦把脸，父亲用毛巾擦了擦我额头，那熟悉的烟草味，忽然感觉到小时候被父亲拥入怀中仰着小脸享受父亲胡楂在脸上悄悄蹭起地幸福感觉。

"噗塌，噗塌"，看着旁边店里煤球被雨水浸湿都塌了下去，下水道又堵了，"你别动，我去掏掏，不然老王家的煤球都得遭殃！"我知道父亲的拧脾气，看着父亲消失在雨中，我打着伞急急地追了出去。

"不好意思，老师傅，雨太大了，孩子学习紧三个星期才回来一趟，就愿尝您的手艺，打电话给您让您久等了！"

"没事，孩子吃上就好……父亲淋雨原来等你呢，我阴着脸瞧了那女人一眼，女人正俯下身用手擦了擦眼角的泪水……"

父亲养育了我们姊妹四个，个个没少让他操心，学习都没学好，但都遗传父亲做生意的基因，父亲看好的，投一点小资大姐二姐都有自己的企业，哥哥也把生意做大了，就我父亲非让我把手艺传下去，做了一段时间累人不说而且赚钱不多。

记得又是一个下雨天，母亲来电话要我们夫妻回家吃水饺，我跟父亲赌气，原因生意不景气，我把雇的工人辞了两个，父亲大怒，说我不近人情，人家任劳任怨干这么多年了，做人别光顾自己，也为别人想想！我一气之下半年没进家门，要不是母亲说父亲在店里我才不回去呢，母亲一直对妻子说我是拧帮根。

雨越下越大，吃完饭谈及父亲，母亲含泪说大大为了叫我回家吃顿水饺打着伞出去了！我沉默了许久，抑制不住内疚的泪水夺门而出……

麻绳一般的水柱从天空中坠落，连接不断。父亲打着伞挽着裤腿在雨中凝望，看着父亲的衣裤紧贴身体，我愣了，没哭，只是流泪，默默地流，悄然无息。

情感物语

父亲用脊梁撑起整个家庭,他关心所有的大大小小的事情,不仅仅在经济上,而且还在为人处世上都时时刻刻关心着孩子。

那一盏心灯,长明

有一种爱——母爱,人世间最伟大的爱,如雄伟的高山,像浩瀚的大海。有一种爱——母爱,人世间最无私的爱,是儿女面前的一座丰碑,是儿女心中的一盏长明的心灯。

漂泊在外十一年,无论受到什么委屈,无论遇到什么打击,无论多么彷徨,无论多么惆怅,是那份浓浓的母爱将我包裹,把我那颗受伤的心抹平,是那份深沉的母爱,幻化成绵绵的力量将我支撑。母爱是我心中长明的心灯,照亮着我,温暖着我。

母爱是我漂泊天涯的缕缕思念,是我魂牵梦系的牵挂。每逢佳节那份思念就会更浓,那份牵挂就会更深。我遥望东方,遥望太平洋的彼岸,想着年迈的妈妈,别有一番滋味在心头。恍然间那缕缕的思念和牵挂变成一双飞翼,带我飞越万重水千重山,回到妈妈身旁,和她共享天伦。

母爱是对儿女无怨无悔的付出,无穷无尽的奉献。忘不了,那舐犊之情,一幅幅心里驻;忘不了,那爱的画面,一幕幕眼前浮。

　　每次还没回去妈妈就已为我准备返程的物品。我的嗓子容易上火，每次喝萝卜干水就好，知道我要回去妈妈又开始准备萝卜干，当时我想应该很容易买到，也没往心里去。有一天跟朋友聊天得知妈妈竟然买了一百斤的萝卜亲手为我晒萝卜干，累得手都举不起。一百斤的萝卜，丈量的不是重量，是母亲对我的那颗沉甸甸的心；一百斤的萝卜，丈量的不是金钱，是母亲对我的那份满盈盈的情。我的心一阵抽搐，眼泪夺眶而出。

　　妈妈的手有痛风症，时不时会发麻和疼，无法想象她如何把那一百斤的萝卜擦成丝，还要揉晒成干；无法想象一个七十有余的老人要辛劳多少天才能把那一堆像小山的萝卜擦完；无法想象在完成了这一重任后那钻心的疼如何把她的手缠；无法想象把萝卜晒成干，妈妈要用多长时间把镇痛膏来粘。模糊的泪眼仿佛看见妈妈弯着佝偻的背，擦一会儿萝卜就锤锤酸疼的腰，擦一会儿萝卜就揉揉疼痛的肩，擦一会儿萝卜就捏捏发麻的指。妈妈，那一条条的萝卜丝倾注了你多少的心血，凝聚了你多少的情，承载着你多少的爱。

　　女儿何以还？何以报？你给予我的爱太多太多。无论何时何地，你为女儿做的每一件事都把爱彰显。还记得去年回国第一天，我说明天想吃肠粉，你冲口而出是不是虾肠？不在一起生活这么长时间，你依然记得我爱吃什么，你的记性不太好，但女儿的事你却记在心间。我想了想叫你买鸡蛋肠。第二天早上，我看见桌上摆了各种各样的肠粉、鸡蛋肠、斋肠、牛肉肠、虾肠、猪肉肠。

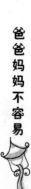

我有点不解："妈，你干吗买那么多种？"妈妈有点自责地说："第一次去买虾肠回来，到家才想起你改了口味吃鸡蛋肠，后来又去买了鸡蛋肠。回来想了想又有点不确定，怕记错了，第三次干脆把各种肠粉都买一份回来"。看到你乐此不疲的样子，我无语了，南方的夏天是多么的热，为了女儿的一份早餐，你来回折腾热得满头大汗，为了女儿能吃到心爱的早餐，你不怕麻烦走了一趟又一趟。你总是把我当作你手心里的宝，为女儿无论多苦多累都心甘情愿。

母爱是对儿女的千般叮咛，万般的嘱咐，每每返程将近，你总是叮嘱一遍又一遍。每每分别的那一刻，离愁充满心头，眼泪在眼眶打转，早已哽咽的你叮嘱的话依旧反反复复挂嘴边。被离愁炙烤的我那时那刻觉得你平时有点烦的唠叨竟是那么的动听，我强装欢颜应诺你的叮咛，应诺你那颗深爱我的心。养儿一百岁，长忧九十九。

虽然每次回去将近两个月，但走得最急的都是最美的时光，每次的相聚总觉得那么短暂。无论多么的不舍，最终还是要依依作别，无论多么的眷恋，最终还是要挥手再见。

情感物语

　　无论我走得多远，飞得多高，母爱，那一盏心灯，在我的心中长明。

父　亲

　　我是懂父亲的，我时常这样想。

　　我懂他每个黑夜里的孤独，我懂他在寒风中的守候，我懂他默默无言的深情。我懂，但我选择沉默，一如父亲对我的爱一般，深沉如海，细微若尘。

　　一直以来，我与父亲没有太多的交谈，没有亲昵的撒娇，甚至都没有过一个刻意的眼神交流。

　　小时候，父亲给我的印象是严厉的，看见父亲，时常像老鼠见到猫一样，心里充满了敬畏，我和妹妹，也总是习惯性地躲着父亲。每逢放假，白天里，我们会因为父亲不在家而兴奋不已。但是，随着黑夜的来临，我们幼小的心会感觉到害怕，会把屋里的灯全部打开，会将电视的声音放到最大，甚至，我和妹妹会用歌声来掩饰内心的恐惧。那一刻，我们似乎知道父亲给我们的那份安全感，就是黑夜里的那盏灯。

　　父亲几乎没有打过我们，但是，我们就是从心里怕他。可能很少人会知道，一个男人在没工作的情况下，带着两个小孩，是如何生活的。别人的闲言闲语和生活的窘迫，没有让他选择逃离，没有让他将年幼的我和妹妹丢下。贫困，曾经如影随形地伴着这个风雨飘摇的家，而父亲就这样默默地扛起了这个家，这一扛就是数十年。那些年，父亲挨家挨户

爸爸妈妈不容易

收过垃圾，给别人做过短工，在水泥厂烧过锅炉……

　　光阴，就如同沙漏，在手心悄无声息地摊开。翻开那一页苍白的记忆，儿时的我，如同野草一般生长。或许，生活没有教会我太多，却让我懂得了那份坚强、隐忍和本能的倔强。不是随遇而安，而是心中始终藏着一缕阳光。十年，曾经就是一个槛，我就那般不小心地迈了过去。没有人会懂得，那些风雨中流淌着的血与泪，就算是父亲，他伴着我们成长，但他也不会明白，年幼的我们对于温暖的渴望与追求。

　　不流泪，不是没有泪，而是泪水只能在黑夜里恣意泛滥。苦难，不会因为弱小而掩去它狰狞的面孔。童年的泪水，记住的真的不多，一如生活的苦难，不曾磨砺掉天真的心。但父亲的泪，却始终灼痛着我的灵魂。那年，母亲离开，我第一次看见父亲流泪。当幼小的我与妹妹一左一右拽着父亲的手臂时，他的泪就那样毫不遮掩地流了下来，痛，疯狂地纠缠着我的心，张开血盆大口，啃食着这个无助的家庭。

　　第二次看见父亲的泪，是在一个天还没有亮的清晨。当我还在朦胧的梦中时，听到了父亲叫我。起床后，我被吓得哭了。那时候，父亲每天天还没有亮就会起床剁猪草，由于灯光不是很亮，父亲的手不小心伤了。我没有看清伤口究竟有多深，我至今依旧记得血足足流了两碗。父亲哭着骂着母亲，我知道，手上的痛比不了他心中的痛。

　　渐渐长大后，我与父亲的交流更是少得可怜。一年到头，在家的时间屈指可数，总是习惯了来去匆匆。但每次，回家这个词总像一块铅，深深地压在我的心头。家，即使只是轻轻地触摸，或者短暂的回眸，都会引起心中的痛。我是胆怯的，我害怕回家，害怕面对那个抚养我长大，而今却依然孤独的父亲。父亲，依旧每天在风雨里继续着他的生活，而我，也在离故乡不远的地方，生了根，发了芽。从此，父亲只身一人留在了故乡，留在了那片镌刻了他一生的土地上。

故乡的老房子，陈旧得像一位年迈的老人。每逢下雨，瓦片的缝隙间总会落下细细的雨滴。这些年，家乡的瓦房大都变成了高大的平房，唯有我家的老屋，一直默默地矗立在岁月的长河里，陪伴着我的父亲。父亲老了，屋子也老了，我甚至不敢去记下父亲的年纪。是的，我不敢，那样我就可以一直骗着自己，父亲还没有老，似乎只有这样，我才不会为自己对父亲的关心太少而感到不安。很多时候，我总觉得自己是个薄凉的人，给予父亲的关爱真的太少太少。

记得那年，我与妹妹去看望母亲，回来后父亲对我们不理不睬，最后还将我们赶出了家门，那时候，我的心里是真的怨恨过父亲。毕竟上一辈的恩怨，我不想理会谁对谁错，血溶于水，我谁也不想去责怪。后来，成家了，我的婚礼父亲没有参加，这也成为了我心头多少年来的一个结，直到很多年以后，我开始慢慢走进父亲的心里，才发现我的倔强跟父亲的倔强是那般相似。明明爱得深，明明在乎得紧，可就是不曾说出口。当我再次审视当年的事情，才知道，年轻时为了爱情，将父亲所有的爱都丢弃在一旁，是多么让他心痛。四叔说，你爸担心你啊！你心眼儿实，怕你在

爸爸妈妈不容易

别人家吃亏。

前些年回家，父亲偶尔会念叨一下，你们要是想在这里修房子，钱我出，你们自己忙自己的就好。后来，父亲不念了，或许是他终于明白了，儿女长大了，有了属于自己的家了。有人说，女儿是父母的贴心小棉袄，可是，我什么也没有为他做过。风雨的日子里，我会牵念，但仅仅只是牵念。有时候，总觉得有着千言万语，但却不知道从何说起。

父亲总是习惯在我们离开之后默默地凝望、忧伤，一如我总会在父亲转身以后才将他仔细打量。岁月不曾老去，但父亲老了。我的手，轻轻地触碰着老屋掉落的泥，忆起岁月里，关于父亲的点点滴滴，那些爱，就如同这斑驳的墙壁，我该如何拾捡起往日的一点一滴。那青苔爬满的墙角，那蛛网凝结起的烟尘，曾一度灼伤了我的眼眸。直到年华渐渐老去，我才明了，那余留在岁月里的厚重，有着父亲留下的温暖与感动。

如今，每次回家，父亲总会买上儿子喜欢吃的东西，打包装好，然后拿上扁担，挑起，送我们上车。老家有一段路没有通车，只有那弯弯的田间小路在脚下起伏着。

情感物语

父亲挑着给儿子准备的东西走在前面。目光处，他的背，弯了，曾经的满头乌发早已两鬓飞霜。在鼻子酸楚，泪眼蒙眬间，我看见那弯弯的扁担两头，一头挑着沉甸甸的岁月，一头挑着父亲无言的爱。

母亲选择等待

　　从我记事开始，父母就一直忙于生计奔波，但结果往往是吃了上顿没下顿，吃了今天没明天。

　　父母没有受过多大的教育，但对于孩子们的教育他们往往是不马虎的，虽然他们的教育观念是只要孩子吃饱穿暖就好。但另一方面，对于我们接受教育的机会，父母是很重视的。至少在那个义务教育还未普及的年代，为了我们四个孩子的学费，父亲不知道愁白了好几根头发。

　　每年的开学季，对于父母来说简直就是一次严厉的审判和煎熬。每每是在开学前的半个月，父亲通常会叼着他的烟斗沉默地坐在一旁的矮凳上，不时烦乱地用手拨拨头发。而我只是呆呆地蹲在门槛边上，不敢出声。从父亲那双凹陷的双眼里迸射出来的是智慧的火苗，我知道，他一定又是在想该去向哪个亲朋借一借、凑一凑，想着该如何去开这个口。我看着、心疼着，不敢轻易发出声响。

　　母亲是个传统的女人，她的身上，具备中国传统女人的一切优点，至少在我眼里是这样的。她每天的工作是照顾一大家子人的吃喝，虽然每顿饭都不够孩子们吃饱，虽然苦累了一年还是没能够给全家人添上一件像样的衣裳。但母亲是极其温顺的，她从不责骂任何孩子的哭闹，总是哄了这个哄那个，然后默默地开始一天忙碌而繁重的工作。

131

爸爸妈妈不容易

父母偶尔也会吵架，但并不大吵，因为母亲总是会容忍父亲的坏脾气，总是会先偃旗息鼓。母亲的心肠极软，每次当我们不听话犯错时，她总是及时地拦下父亲即将甩下的木棍或巴掌，然后把我们推到一边，对着大哭的我们恶狠狠地责骂几句。看到她眼里闪烁的泪花，我们往往会吓得忘记了哭，只能噙着泪水委屈地看着她，心里却越发酸楚。

多年来，母亲一直保持着一个习惯。每次吃饭时她总是忙个不停，总是在父亲三番两次的催促下她才恋恋不舍地放下手里的活儿，反过来责备父亲耽搁她的正事，说饭什么时候不能吃。等到好不容易端上碗后，她总是抬着一碗饭扒了又扒，扒了又扒，就是不见她起身加饭。只有在孩子们吃完摔下碗开心地往外跑去时，她才拾起那些残羹冷炙重新大吃起来。

小时候，我们最渴望的就是过年，虽然在我们家过年和平常并没有多大的改变，但毕竟作为一年一度的新年，还是有那么一些不一样的。因为大年初一时父亲都会美美地炖上一只家里喂养的大公鸡，我们也总是早早地等在饭桌前，眼睛直勾勾地望着锅里煮的翻腾的鸡肉，好像借此能提前体验肉的味道似的。

看到我们的馋样，母亲就会笑着说："再等一会儿就好了，不急于这一时。"在我们津津有味地啃着鸡骨头时，母亲就抬着她的碗远远地看着我们吃，而她自己的筷子却不曾伸进锅里。父亲给她夹了一块，她总说不喜欢鸡的味道，然后那块鸡肉就又夹到了我们的碗里。

犹记得初初叛逆时，是怎样艳羡别人潇洒的衣着，洋溢着光彩的青春。可每次当我提出要母亲给我买一件漂亮的衣服时，换来的总是长长的沉默。那时的我真为这样的生活感到窝火极了，于是愤怒地将吃到一半的饭重重地摔向门口。那是我这么多年来愧疚和记忆犹新的事情，因为我长这么大以来第一次挨了父亲的巴掌。

在四个孩子中间，我的脾气最随母亲，所以平时都很乖顺。那一次，父亲打了我一巴掌后凶狠地将我推出门去，并说让我滚，就当没养过我这么一个白眼狼。那时我站在门外害怕得不知所措，只有泪水一个劲地往下流，后来是母亲出来把我拉了进去，无奈地哀叹一声说："唉，你怎么就是不会想事呢，要是有钱的话能不给你买吗，儿啊！"然后默默地摸摸我的头，那一年我12岁。

在我的记忆里，母亲从来不穿新衣，因为她没有衣服可穿。一年四季的忙碌，让母亲的头发提前发白，三十多岁的女人走出去，平白让人家觉得苍老得像五十岁似的。但母亲全然不在意，仍全心全意地奉献出她全部的精力，操持着那个家，从十九忙碌到五十三。就算后来姐姐们给她买了新衣，她也舍不得穿，只是在要走亲戚访亲友时勉强穿上一阵，回来马上脱下，小心地叠好在箱子里放好，重新换上她的旧衣。

大学放假回家，父亲提前做好一桌饭菜，比起四个孩子围在一桌吃不饱哭闹的场面，如今的生活质量确实是高出了许多。然而母亲的习惯却一直没有变，我和父亲吃饭时，她总是东忙忙西理理，我和父亲再三催促才把她拉到饭桌上，但她的筷子却从来不曾动过那些肉，她总是拣那些我不碰的

爸爸妈妈不容易

菜一个劲地往碗里夹。每当听着她说我不喜欢吃时，我总是迅速地低下头来，强忍住眼里翻腾的泪水。

好几次我忍不住想说："妈妈，您吃吧，女儿现在可以养活一个妈妈了。"但我只是在每次吃饭的时候指着父亲做得精美的菜肴说不好吃，我不喜欢，然后放下筷子。母亲总很温和地责怪道："死娃儿，越大越不知好歹，忘了以前过的苦日子了。"但说归说，我发现，她的筷子会伸进我挑剔过的食物然后幸福地吃起来。每每这时，我的内心就会闪过一丝小小的得意。

情感物语

母亲总是把最好的东西留给子女，这是伟大的母爱。

134

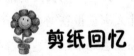

剪纸回忆

霜叶红，秋露白。迈着记忆的碎步，乘一清风，飘向那幽深的时光小径，却忽然忘了是怎样的一个开始。蓦然回首，那抹暖忆终是驻留在回忆深处，飞舞旋转。一纸剪不断的回忆，理还乱的暖，在童年的梦里，芬芳了彼此。

父亲又该出发了，不知为何，一股莫名的感伤涌上心，我的心像断了线的纸鸢，一片迷惘。随着行李箱的嘎吱声逐渐飘远，父亲那清瘦的背影伴着夕阳渐行渐远，渐渐朦胧在黄昏中，放眼望去，一样的夹克，一样的旧皮鞋，只是乌油油的头发上又多了一抹忧愁。他静静地走了，正如他静静地来，不带走一片云彩，只留漫天的寂寞与牵挂。

秋日的光已残缺，斑驳地映在掌心里，像巨兽的毛发，一摇，散作一地的清晰。在偶然帮父亲整理行装时，竟发现了一本泛黄的老相册，那正是我儿时与父亲的回忆录。泪水滴答、滴答……从脸颊滚落，湿润了我干涸的内心。我含着泪，翻过一张张泛黄的旧相片，一股股爱的暖流交织在我心底，让我感到措手不及，一张相片，一抹暖意。

记得那个昏暗，寒冷的夜晚。我与父亲大吵了一架，原因仅仅因为我吵着要买滑板，外面下着滂沱大雨，父亲走不开身，现在回想起来，自己当时实在是太不懂事，太幼稚了。我本以为这件事就将告一段落了，可竟然没想到，父亲真的冒着大雨，冲去商店买滑板给我。

我至今还深刻地认得，父亲回来的时候，身体湿淋淋，活像只落汤鸡，裤角还有一大块泥泞，想必是在雨中摔倒了吧。我百感交集，泪珠在眸里翻转，小心翼翼地接过父亲手中地滑板。那一刻，我与父亲并未聊过只言片语，但是心意似乎彼此都懂。

翻旧的相册泛了黄，卷角的页码在岁月里渐渐走向另一个方向。暗香浮动的深夜，嘀嗒钟声敲散回忆。当思念没有着落，才发现，原来每一张相片，都开满了怀恋！

合上记忆的老相册，倚一扇窗，仰头，却看到那生命

爸爸妈妈不容易

最后的抵抗——即将零落的枯叶。"风吹叶成花，时间追不上白马。"枯叶无悔地飘入了大地，树下落叶已落满一地，不，那不是叶，是我凋零地心啊！

记得父亲曾经对我说过："落叶是思念的寄托，无论我在哪里，只要你想我了，就朝着落叶说出你想对我说的话，只要彼此心灵相通，互相牵挂，我便能感应的到。"以前我倒是不相信，总说父亲骗小孩。现在，我是多么希望能这样啊！可如今只能从落叶中剪一抹思念，独酌去回忆，彼此往日的点点滴滴。

瘦削的背影和蔼的面容，浅浅的笑意，粗糙的双手还有那颗挚爱的心，你永驻在我心底，如秋日里舞倦了的蝶衣款款，梦寐在记忆的眼眸里……

 情 感 物 语

时光就如那悠久的回音，回荡在我与父亲彼此的心间，那抹暖意在回忆中氤氲。被思念染白了的雪花消融在童年的老相册里，渲染了那份彼此心心相系的怀恋里，每一张相片，都是一抹暖，一抹盛开在回忆里的暖，剪断了相片里的岁月痕迹，才明白剪不断的是那回忆与暖，徜徉在心底，总不散……

割山茅，母爱在流淌

　　山茅，以天女散花般遍布故乡大大小小的山。无论山坡、山腰和山顶，都有它们茂盛的痕迹。青青的山的外衣，主要由它们打扮而成。一棵又一棵的山茅，一针又一针地编织了群山的青绿色长袖毛衣，团团簇簇地拥挤在一起。从远处上看，它们宛如青翠的绸缎，一片生机盎然，给了山热情，增添了山的胸怀。无比的吸引力，惹得村民们频繁光顾。它们欢迎淳朴的山村人去割茅砍树。小时候，山茅作为日常生活的燃料之一，成为许多家庭不可分割的纽带。

　　母亲是一位乡村里勇猛的妇女。割茅是她生活中必需的一件事情。出发前，母亲把"弯刀"在磨石上推进和后退。她用力轻巧，适宜灵活。磨好"弯刀"以后，一把锋利的"弯刀"刀刃发白，几乎吹毛立断，呈现在母亲满意的眼前。

　　母亲拿上了一支常备的"茅担"。它中间粗圆，两头顺势越来越尖，是一支漂亮和特别的扁担。母亲又取出了"钩绳"。一个Y字形的树杈。两只斜枝的一端系上一条手指粗的绳子。她把"钩绳"弄好，套在"茅担"的一边上，扛在肩上，鼓足勇气，痛下决心，沿着蜿蜒的山岭，上坡下坡，在自己认为理想的地方放下工具，左手握紧"弯刀"，开始了割山茅的劳动。

　　母亲的手没有细嫩的皮肤，手掌厚厚的，结了不少的茧

137

爸爸妈妈不容易

花。这样的手，在当时的农村里，是普遍存在的。它是生活磨炼出来的产物，也是勤劳俭朴、适者生存的结晶。母亲的手不怕任何的荆棘。母亲的右手一把扫向山茅，左手用"弯刀"不停地用力砍断它们。一把又一把的山茅排列在一边。反复的动作，把一棵棵苗壮成长的山茅在底部割断，一簇接着一簇，直至山茅躺成一排。

割山茅是一件苦活。它需要艰苦、持续和长时间的工作，节奏快速，效率低下，需要人工不停地操劳着。有时，母亲实在是太累了，就喝点水，休息一会儿；有时，一片山茅，母亲一气呵成地割完。只是，母亲已经是汗流浃背，手上、腰部、腋窝和背部等全身都是汗。明显看得出来，额头上布满了黄豆大小的汗珠，流到脸上，流到地上。割山茅的体力劳动辛苦、不易和繁杂。

几排山茅割下来，母亲也不由得气喘吁吁，望着炎热的太阳，承受火球般令人不得不低头的滚烫。有时，风吹过，山草一浪又一浪在翻腾，凉爽也迎头吹向母亲，一阵舒服沁人心脾，透入肺腑，全身透气。

割完山茅后，母亲把两条"钩绳"展开。它们就像两条蛇伸直身子伏在地上。山茅一堆又一堆累积起来。母亲熟练、手巧麻利地把绳子钩住树杈，一脚站在地上，一脚顶住山茅堆，把绳子用尽全力拉紧，几次以后，山茅就紧凑地缩成结实的一捆，并系好绳索。同样的手续，同样的步骤，母亲又把另外一堆拉紧成捆，系好。这样，一担山茅就算完成了。

母亲把"茅担"尖尖的一端插进山茅里，并用力往里面转动，"茅担"就插进适宜的一截，扎好了，母亲就用肩膀扛起扎好的山茅，用背负着，尽可能不浪费力气，一次性扎进另外一捆山茅里。这样，一担不易的收获就摆在了辛苦的母亲面前。母亲把水壶、面巾和"弯刀"放好，一段累人的活儿总算完成了一半。

接下来，母亲就得用挑了无数次担子的肩膀挑起分量不轻的一大担山茅，把山茅挑回家。母亲克服了路途遥远，翻山越岭，在坚韧不拔中不消极，不怕累。一张脸孔由于用力渐渐地变得通红，肩挑而走。一路上，母亲顶不住了，就只好停下来休息一会儿。等休息够了，才弯下双脚，吃力地把一重担山茅扛起来，有时甚至踉跄了几步，才勉强站稳了脚。然后，母亲咬紧牙关，戴着太阳，克服种种困难，非常不容易地把手割的山茅挑到家门口。

放下来之不易的山茅，母亲像打了一场苦战，胜利地露出了舒心的脸色。她通常喝了点水，擦擦汗水，喘几口气，在走廊上略作片刻的休息，她才把"茅担"拔出来，放在地面上，又把钩绳打开。活结一拉，就松了。天气晴朗时，母亲把山茅一排又一排铺好，放在门口庭晒太阳。晒得差不多干了，我们就拿进厨房放进灶里燃烧，煮出供温饱的饭菜，解决一家人的一日三餐。

有时，母亲在山上割好一担担的山茅，就直接放在山里晾晒，等两三天后，才进山挑回较轻的一担担山茅。这样，母亲可以节省力气，较轻松地挑山茅回家，直接放在走廊上，不必担心风雨，可供一些时日的燃料了。

我曾经与母亲一起割过山茅。刚开始，细嫩的手怕刺痛，有时甚至割伤皮肤，流出血来。母亲只好心疼地让我坐在树荫下休息、乘凉。母亲累死累活地割好山苇，做成两担。我的一担自然小得多。只是，我还是没有足够的干劲，坚强的意志，接连休息了好几回。母亲帮我挑了好几程路，我才勉勉强强地挑回家。

到家后，摸着发疼的肩膀，我不由地抱怨着。母亲一看，我的两个肩膀都红红的。那天晚上，我累得早早就熟睡了。第二天肩膀疼得更是厉害。作为乡村里的孩子，我有亲爱的母亲照顾着，呵护着，疼爱着。以至于现在我还不能胜任农村的杂活。幸好，在母亲的教育和督促下，我考上了大学，有了一份稳定的工作。

母亲和父亲，用艰辛的劳动维护着一个家。因为母亲的坚强撑起了家的天地，养育了三个孩子。她用神圣的爱意宁可自己受苦，也不愿委屈了我们。在各种各样的艰辛里，都有母亲的影子。而在生活水平提高的今天，在吃不完的丰盛的饭菜里，在优美的家里，却竟然没有了母亲的言语。母亲，她竟然难分难舍地走了。她割山苇的身影那样鲜活地留在我的生活里。现在，母亲割山苇后抚摸我的头的慈爱还在心里荡漾、留存。在儿的眼睛里，噙着泪水，仿佛还见到了母亲辛苦割山苇的汗水在流淌，一滴一滴地流淌，流淌在我的心里。

 情感物语

　　母亲用单薄的身体支撑着家庭，关爱着父亲，呵护着子女，这种爱是人间最宝贵的感情。

父亲的肩膀

今天是父亲节，本想和父亲喝两杯。可是，由于父亲一直在农地处理积水，回来很迟，人又乏又饿，就没喝酒了。但是对父亲的感激荡漾着我的血液，终于控制不住自己。往事幕幕重现，虽然模糊但温馨依旧。

父亲的背扛着我们的童年记忆。看着夜空的繁星，尤其是夏季的夜晚，总会禁不住想起小时候天热纳凉的情景。

儿时的夏季是非常难熬的，记忆处总是追着树荫走，只盼望太阳西落，但可恶的蚊子又在耳边嗡嗡作响。父亲扛着锄头终于回家了，我们焦躁的心绪可以安定下来了。父亲立马忙活起来：锄头，扁担，洋插，蚊帐，凉床，在不到二十分钟左右，我们就一下子钻进了露天蚊帐了，任凭可恶的蚊子乱叫，我们悠闲地大闹。

晚饭过后，洗完澡，母亲忙着洗碗筷，而父亲就拿起了芭蕉扇边拍打蚊子，边给我们讲故事。因为我们姐弟四人，父亲是不能再加入我们的队伍了，只能在帐外了。扇子就是拍打蚊子的武器也是凉风的制造器，当然动力来源只能是老爸的手腕。太累了，故事没讲完父亲就睡着了，蚊子的叮咬也不管用，这时候我们就会喊醒父亲，于是故事继续着。就这样我在年复一年的夏季里记住了很多故事，现在我知道这些故事都是别人写好的，而那时我一直认为是父亲自己的编

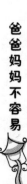

爸爸妈妈不容易

的。是的，父亲买不起故事书，但是我们知道的故事不比别人少！

父亲的背背着我们走过儿时很多病痛的时光。一个人的成长总是伴着大大小小的病痛。我们姐弟四人无论谁身体不舒服了，总会扒上父亲的肩膀，由老爸背着，行走一里路去看医生。天晴还行，下雨可就有点小麻烦了，淋湿衣服是不可避免的，最为让父亲着急的是田头还有农活等着他去干呢。于是打完针快步往回赶，那汗珠可真大啊，现在我想也许是急的，既急我们的病情又急田里的农活。

记忆最深的当然是我的经历，我不记得是几岁了，总感觉那个记忆很特别。因为全家福里有我那时病态的样子，低着脑袋，眼睛没神，黑瘦。哦，对了是黑白的，当然黑，但瘦是实实在在的。我的记忆中总感觉那时病得特别厉害，高烧不退，打了很多退烧针也不管用。我记得是一个雨天，父亲把我背起来走了好远的路。还是打针，好像这次的针很管用，于是每天都背起走了那段陌生的路。那时的雨天，雨停之后，路仍然泥泞很多天。每次扒在父亲的肩上总感觉很是安全，很安全。

父亲的肩担起了子女的未来。我们的家很穷很穷，父母经常为农活吵架。因为我们姐弟多，开支就大，农田少收入就小，还要上缴农业税。我幼小的记忆中总是记得我家每年都会缺粮，借粮。可是父亲从没有让我们停下学业，即便是姐姐和哥哥也是在读完初中才不读书的。那是因为姐姐哥哥懂事主动不读书的，父亲没有主动要求，现在说来父亲还是很后悔无奈。好在姐姐哥哥现在都很好，不然父亲自责死了。最得益就是我和弟弟了，都考上当时最好的学校，虽然现在不怎样，但我们最该感谢父亲。虽然我和弟弟读书开支渐渐大了，物价也在上涨，而父亲身体却越来越差，但是父亲仍然咬牙挺过来的。供我们读完了我们的学业，走上了工作岗位。

如今的父亲的肩膀虽然不再坚挺，但我们仍然需要他时时耸立。在我们艰难的时候，他的肩膀是我们最大的依靠。我们为了父亲的肩膀，应该替父亲扛一些早就应该我们来扛的担子了。

情感物语

父亲无声无息地默默肩负着生活的重担，他任劳任怨地履行着做父亲的职责，为了孩子能够成为优秀的人，不怠劳苦默默付出。

143

 梦里香飘知多少

新年，总给人带来许多期盼，也给人带来无限的惆怅。

妻子离春节还有十余天，就开始里里外外地张罗。我笑她，儿女们放假回来还早呢，你疯狂采购了那么多好吃的、好喝的，不搁坏才怪呢，何况我们今年还是要回老家过年，用不着你瞎忙活。妻子充满怨责地说，要回你自个儿回吧，跟了你20多年，哪一年不是陪你回老家受罪？如今儿子、女

爸爸妈妈不容易

儿都大了，回去住就更不方便了。活了半辈子了，也该有我们自己的春节了。妻子的话，让我无言以对。

往年每年的春节，我都是带着老婆孩子，回到百里之外的乡下去，一家四口挤住在一张旧式的老木床上去睡。这张百年老床，据说是曾祖父留下的，后来就传给了我的父亲，自然也就成了我父母结婚时的大床，日后又先后承载了我们兄妹四个打打闹闹的童年时光，可谓是我们生活的摇篮，也是我们成长的见证，所以再旧，父母都没舍得拆掉。

去年儿子回老家，就一门心事地研究起这张大木床来，看来看去，最后仿佛哥伦布发现了新大陆，兴奋而又新奇地对我说，"爸，这张床，应该算是咱们家的老古董了吧，你看那精雕细镂的床檐，上面的花鸟鱼虫依稀可辨，还有那做床的木料也是上等的，应该是檀木吧，这么多年仍能保持得如此完整，陈旧朴素中却也能透露出古色古香的韵味。"儿子正上大一，对中央电视台的"鉴宝栏目"情有独钟。

父亲听了，哈哈大笑，你爸和你叔小时候没少尿床，那床板木料都被他们尿朽了，居然能让我宝贝孙子闻出古色古香来。说得在场的人无不捧腹。

每次回来，母亲都把大床铺得板板正正，新的被褥，新的床单，新的被罩，新的枕头，新的毛巾，床前还整齐地摆放着新买的拖鞋，还有刷洗干净的尿盆。我知道这些都是给素爱干净的妻子准备的。

尽管如此，农村和城里的巨大差异，还是明显让妻子无法适应。要卫生间没卫生间，要洗浴设施没洗浴设施，光生活带来的种种不便和不习惯，足可以让过惯了城市生活的妻子生出一肚子的怨气来。这些年来，也真难为她了。

不久，父亲从家里打电话来，说家里的人都挺好，年货也早就置办齐了。你们如果工作忙，也就别回来了，只要你们在外都好好的，回不回来有什么要紧。

说是这么说，可我知道，父母的心里，是多么渴望我和在南京工作的三弟都能携妻带子地回来。岁岁年年，父母在日渐衰老中，日日所盼的，不就是儿孙满堂地陪着过个热闹的春节吗？

我决计带上已放寒假的儿子率先回去。到了老家，已经是灯火点点的黄昏。平整的新修的乡间公路，再无往日的泥泞，远处隐约可见的农舍间，偶尔还会传来一两声犬吠，但却再无熟悉的袅袅的炊烟，各家各户也都用起了液化气罐，再也不需烟熏火燎地过日子了。

145

母亲看到孙子，连忙端出各种好吃的，有山楂条、糖块、香蕉、苹果，还有叫不出名字的各色点心。儿子难为情地说："奶奶，我都大了，不再是小时候了。"言下之意，现在不再喜欢吃这些东西，可是母亲依然一厢情愿地把这些她认为好吃的东西，满满地硬塞进儿子的手中。

母亲问，"你媳妇没能来？"我模棱两可地说，"她在家等小然回来后，也许会一起来的吧？"小然是我的女儿，正在南京一家医院里实习。母亲听了，怅然地就把给妻子准备的枕巾、被罩等物又收回到衣橱中去了。

儿子在老家最喜欢的事，一是写春联、贴春联，二是跟着我二弟家的侄子到河里钓鱼。

每年父母亲都会从集上买来一卷红纸，让孙子、孙女

爸爸妈妈不容易

写春联，他们觉得买现成的再好，也不如孩子们亲手写的中看，特别是邻居们夸赞的话语，更让他们乐得合不拢嘴。写完，母亲就用开水把面粉搅成糊状，孩子们则乐此不疲四处张贴。除了我们家的以外，还要为多年不在家的四叔、五叔以及二伯家堂弟的房子上也贴上。前前后后几十间房子，如今都是人去屋空，院子里则长满了枯萎的野草，也唯有在春节到来之际，在父亲的催促声里，才得以里外打扫得干干净净。靠着孩子们张贴的点点红色，才能让人想起彼此漂泊在不同城市里各自打拼的亲人，曾是怎样其乐融融相亲、相帮、相处在这小小的村落里。小时候的我，就是在叔伯们的关怀照顾下一天天长大的。如今连一年难得的团聚，也渐渐简化成了除夕夜彼此电话里的问候。

到河边钓鱼则是偷偷地去，不能让老人们知道的，否则肯定去不成。母亲总会喋喋不休地唠叨，说城里的孩子哪像你们小时候识水性，万一掉进河里，可不是闹着玩的。我只好每次都替他们打掩护，说孩子们到邻家玩耍去了。

每当此时，我就会想起小时候跟着叔叔们下水捕鱼的欢乐时光，那时候鱼多水深，山清水秀。虽然生活没有现在好，但血脉相连的亲情足可以抗拒一切苦难。

现在，村子里的年轻人基本都到城里打工挣钱去了，留守下来的大多是妇孺和老人。那原先赖以生存的一亩八分地，不再有人当成唯一的谋生渠道。老家，已经冷落在生活的忙碌中。唯有在春节，才成为寄托情感的归宿。

有时我和三弟也时常劝父母，要么跟我到县城去住，要么跟三弟到省城去住，这样也省得我们每年都回老家来了。

父亲连连摆手说："你们说得天花乱坠，我和你娘哪儿都不会去。如果我们不在此坚守，恐怕若干年后，下面的孩子连老家在什么地方都不会知道。那些长眠地下的先人们，甚至连个烧纸上坟的人都不曾有了。而且，彼此天各一方，血脉亲情如何依傍、如何体现，下面的孩子们之间，也会是对面相逢不相识啊！"我和三弟亦如父亲般感慨了一番，对父亲的固执不再相劝，心中却也平添了几分感慨和酸楚。

夜深了，父母仍坚持熬着看春节联欢节目，我知道，他们其实是在等着他们的三儿和最小的宝贝孙子。外面辞旧的爆竹声早已响成一片，异彩纷呈的烟花妆点着村子清澈的夜空，所有城里的热闹，都在村子的各个角落如火如荼地上演。儿子和二弟家的侄子都跑到外面看热闹去了；外出打工回来的二弟，也和平素交好的一帮朋友喝酒叙旧去了；唯独我陪着父母盯着电视里你方唱罢我登场的春晚，心里却想着实习中的宝贝女儿还能不能如期归来。三弟是除夕晚上才匆匆带上八岁的侄子从南京乘火车连夜赶回来的。三弟立脚未稳，父亲就不停地催促我们弟兄三人，和往年一样一同去各家各户逐一拜年。

早些年回老家拜年，每到一处，左邻右舍总会扯着我和三弟的手久久不愿放松，不断嘘寒问暖地打听城里发生的新鲜事，那种阔别后再次相见的亲热，溢于言表。他们回拜父亲时，也总会艳羡地夸奖："老哥，你看你们家多好，出了两个大学生，都在城里干阔事。"每当此时，父亲就会"呵呵"地开怀而笑，然后回头对二弟说，"当初，你如果也像你哥一样努力，还能落在家里出笨力吗？这正是少小不

爸爸妈妈不容易

努力，老大徒伤悲啊！"显然，我和三弟在父老乡亲眼里，在父母的心目中，早已经成为别人效仿的楷模。

可是，随着村里进城的人越来越多，而且有的积年不回，可谓八仙过海、各显神通地分别在城市里摸爬滚打，渐渐也在城里买房买车地过起了城里人的生活，故大家对这种久别后的重逢已然习以为常。再者，大学生在人们的心目中，也每况愈下地失去了往日的光环。只要兜里有钱，如今谁羡慕谁啊。

我们兄弟三人，从村东转到村西，没用半个小时就完成了父亲交给的任务。二弟说，你们先回吧，我去打麻将了。打麻将一向是村里老老少少绝大多数人的嗜好，一路走来，已经遇到了好几桌。我和三弟上前分别打招呼，只赢得对方简洁明了的浅笑，或者微微的点头致意，使得我和三弟悻悻然尴尬而归。

中午，妻子带着女儿风尘仆仆到来，给全家带来了意外的惊喜。看着儿媳妇能来，父母的脸上洋溢起幸福知足的微笑。

我和妻争着下厨，却都被母亲挡了回去，她说我们不熟悉家里的情况，待在厨房只会添乱，还是安心陪着你爸唠唠嗑吧。飘香的菜肴四溢出浓浓的亲情，团圆菜、团圆饭、团圆酒，把母亲忙活得不亦乐乎，我们喊她一起吃，她一如既往地用"不饿"搪塞。看着母亲进进出出地张罗，我的心里一阵酸楚，我甚至想，还不如我们不回来呢。

初二的晚上，我们兄弟三个其乐融融地陪着父亲打了几圈麻将，自然是父亲战果颇丰。母亲立于一旁不停地催促，他爸，别打了，孩子们明天要走了，就让他们早早歇息去吧。

　　静静地躺在床上，不由得胡思乱想起来。想日渐年迈的父母，对老家这块土地的眷恋，还能坚持多久？想我们兄妹几个，往后如何担当起照顾他们的责任？想彼此的手足情深、血脉相继的缘分，难道只限于这屈指可数的几天的欢聚？想我们的后代，难道真的会在斗转星移的时空切换中，渐行渐远地终成陌路？

　　迷迷糊糊中，居然渐入梦乡。依稀听得母亲蟋索而起，只见她用力从鸡舍里拽出那只唯一的芦花母鸡，干净利索地宰杀开膛，然后投入锅中炖煮，玉米秸秆的火光在风箱的伴奏下明明灭灭，母亲疲惫的脸庞，在烟火的熏烤下愈加憔悴。在阵阵飘香中，我双手捧书，专心致志准备着高考的功课。母亲把鸡汤端到我的面前，轻声地说："儿啊，趁热喝了吧，养足了精神，才能考出好的成绩来。"我含泪接过，一饮而尽，快步迈入考场，下笔如神。正得意之时，妻子用力晃动着我的肩膀："该醒了，好像母亲半夜里就起床了，该不是给我们准备早餐了吧？"

　　我一跃而起。亲爱的母亲，已经把熬了大半夜的鸡汤一碗碗盛好，热气腾腾地摆放于餐桌之上了。

情感物语

　　母亲从点点滴滴关心着儿女，为了让儿女得到最好的东西，她们心甘情愿地付出着。这一切不求任何回报，这是人间大爱。

爸爸妈妈不容易

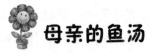

母亲的鱼汤

　　我出生在一个名不经传的小地方——崇武。这儿临近蔚蓝的大海。每天都可以享受到大海的恩惠。

　　就这样，鱼成了我家餐桌上的常客，无论是红烧，清蒸，油炸或是煲汤，我母亲都是信手拈来，尤其是煲汤更是深受她的钟爱。说起母亲，来自山边的她很少吃鱼，所以尤其爱吃鱼，在她认为将鱼的精华融进一碗小小的碗里是最美味最健康的吃法，鱼汤开始频频出现在了我家的餐桌上。但毕竟鱼吃多也会腻，每每出现了鱼汤，我都会皱起眉头，然后一声不吭地吃着饭，无视掉鱼汤。母亲也总会陪着我一声不吭地吃着，眼里好似藏着什么东西。然后，鱼汤开始从我家的餐桌上退隐了。日子总是在年轮的不经意铭刻下缓缓碾压过去，转眼我已经13岁了，被父母送去了外地读书，甚少回家一次，独在异乡为异客，每每躺在床上，辗转反侧之时，脑海中总会浮现出那一碗乳白色，冒着丝丝热气，上面还浮着几根嫩绿色小青葱，味道鲜美的鱼汤，但是总会觉得少了些什么？我总会不经意问自己这个问题。国庆到了，我也终于可以回家了。

　　一进家门，触不及防，一股熟悉的气味猛地袭击了我的鼻子，是那么难忘——母亲的鱼汤。唾液在嘴中蔓延开来，我小口喝着鱼汤，她就在一旁看着，心中忽然涌现出一股热流，一瞬间将我的心填的满满的，没有一丝缝隙。眼前突然有些朦胧，不是因为热气，而是因为我懂了，母亲的鱼汤包裹的不仅是鱼的精华还有她浓厚的爱。

情感物语

母亲的恩情比天高比地厚，终生难忘。母亲的那份守望，不仅是血脉的延续，也是人类发展的希望。世上神圣的东西很多，然而最神圣的莫过于母亲。

点点滴滴，您在谱写爱我的篇章

我要向全世界宣告，我有个好妈妈，一个很爱我的妈妈，别羡慕嫉妒恨哦，我想每个人都有一个既平凡又伟大的妈妈，用心体会，感受她们爱我们的方式。

女儿不知道要怎样感激这么多年来你对我的关爱，在这里，我想用我并不华丽的文字，简短通俗的话语，来谢谢您，带我来到这个可爱的世界，让我相信这个世界充满精彩，爱无处不在。

我是个懒小孩，每天你都会不厌其烦的叫我起床，我发脾气，我摔东西，我就是任性，可您还是笑着对我说："乖女儿，起床了，一日之计在于晨，好多事等着我们去做呢，快起来，妈妈给你做好吃的。"我冬天手冻肿了，你从来不让我碰水，不让我做一点点事，再忙你都不会叫我做事，记

得有一次，我帮你洗碗，你看着我那双冻的像包子一样的双手，哭了，以后，我就再也没有帮你了，因为我知道，你舍不得，我要更加爱惜自己，等到夏天了，把所有没有做的统统补回来，呵呵。

我睡觉喜欢踢被子，每次深夜你都会来我房间，给我盖好被子，夏天帮我关风扇，怪不得别人感冒发烧，我从来都没有过，以前还以为是我身体好呢，原来是你断了我生病的根源。我喜欢跟朋友出去玩，每次玩的晚一点回来，你总是打电话催我回家，在门口等我，我没有回来从来不会早睡，以前会觉得你烦，仔细想想你是担心我，我知道，我都知道，那时候还会对你发脾气，说你讨厌，很烦人，我真该死，妈妈，在这里跟您说句：对不起。我知道，我不懂事，这么久了一直惹你生气，跟你顶嘴，可你从来不会骂我，也不会打我，你会摸着我的脑袋，然后笑着说：傻丫头，跟谁学的啊？脾气那么大，这样可不好，再这样，妈妈要打你咯！我们相视笑了。在我的眼里，我们是母女，但事实上更像是姐妹，我有什么事都喜欢跟你说，我们之间没有隐私，真好真好，妈妈，我感慨下，有你真好……

情感物语

点点滴滴，妈妈在用爱谱写着爱的篇章，我们要把它收藏起来，成为我永恒的财富。